ACCESS

数据库技术
及应用情境教程

高职高专信息技术类课程理实一体化教材

任务引导 / 案例驱动 / 实战演练

主编　张研

副主编　李生民　靳恒清　汪利鸿

甘肃人民出版社

图书在版编目（CIP）数据

Access 数据库技术及应用情境教程 / 张研主编. --
兰州：甘肃人民出版社，2014. 6
ISBN 978-7-226-04603-6

Ⅰ. ①A… Ⅱ. ①张… Ⅲ. ①关系数据库系统—高等
—学校—教材　Ⅳ. ①TP311.138

中国版本图书馆 CIP 数据核字（2014）第 118365 号

出　版　人：吉西平
责任编辑：王建华
封面设计：晚　风

Access 数据库技术及应用情境教程
张　研　主编
甘肃人民出版社出版发行
（730030　兰州市读者大道 568 号）
甘肃发展印刷公司印刷
开本 787 毫米×1092 毫米　1/16　印张 20　插页：1　字数　393 千
2014 年 6 月第 1 版　　2014 年 6 月第 1 次印刷
印数：1~1000
ISBN 978-7-226-04603-6　　定价：38.00 元

前　言

数据库技术自20世纪60年代末诞生以来，相继出现了许多优秀的数据库管理系统，如FoxPro、Sql Server、Oracle、DB2、My Sql等。其中微软公司的Access2010是中小型关系型数据库管理系统的代表，其简单易学、操作方便，深受数据库专业及非专业人员的青睐。

本书以改革高职高专计算机教学为目的，结合作者多年的教学经验总结编制而成。全教材是基于工作过程导向的课程内容与教、学、做合一的教学方法的统一，以开发一个小型信息管理系统为导向，把教学内容分解成9个情境，每个情境再分解成若干子任务，把课程各知识点和技能融入各子任务的教学中。按照知识、技能和应用相统一的方法组织教学，将教学过程转变为完成各子任务的过程，每个子任务由教师进行任务描述、讲解相关知识点、案例分析与演示、学生实战演练及对任务进行评价，师生一起操作完成任务。

本教材由甘肃农业职业技术学院张研担任主编。李生民、靳恒清、汪利鸿担任副主编。其中学习情境一、二、九由张研编写，学习情境三、六由李生民编写，学习情境四、五、八由汪利鸿编写，学习情境七由靳恒清编写。

由于编者水平有限，书中错误之处在所难免，敬请批评指正。

编者

2014年3月

目 录

学习情境一 数据库认知 ………………………………………………1

学习情境二 数据表的创建与使用 …………………………………27

学习情境三 查询的创建与使用 ……………………………………77

学习情境四 窗体的创建与使用 ……………………………………125

学习情境五 报表的创建与使用 ……………………………………185

学习情境六 宏 ………………………………………………………213

学习情境七 模块与VBA编程 ………………………………………235

学习情境八 数据库安全 ……………………………………………275

学习情境九 图书管理系统 …………………………………………287

学习情境一

数据库认知

情境描述

本情境要求学生了解数据库基础知识、数据库设计步骤;学会关系数据库设计的方法;学会数据库管理系统 Access 的启动、退出等操作;熟悉 Access2010 数据库的操作界面及数据库对象的操作方法。本情境参考学时为4学时。

学习目标

学会绘制E-R图,将E-R图转换为关系数据库的关系模式。

学会关系数据库的设计方法及步骤。

学会 Access 的启动与退出。

熟悉 Access2010 的操作界面及数据库对象的操作。

工作任务

任务1　数据库基础知识

任务2　数据模型

任务3　关系数据库设计基础

任务4　创建 Access2010 数据库

学习情境一　数据库认知

任务1　数据库基础知识

【任务引导】

数据库技术是数据管理的技术,是计算机科学技术的一个重要分支,是信息系统的核心和基础。从20世纪50年代中期开始,计算机应用从科学研究部门扩展到企业管理及政府行政部门,人们对数据处理的要求也越来越高。1968年,世界上诞生了第一个商品化的信息管理系统 IMS(Information Management System),从此,数据库技术得到了迅猛发展。在互联网日益被人们接受的今天,Internet 又使数据库技术、知识、技能的重要性得到了充分的放大。现在数据库已经成为信息管理、办公自动化、计算机辅助设计等应用的主要软件工具之一,帮助人们处理各种各样的信息数据。

作为本课程学习的开始,我们首先要了解的是:什么是数据? 什么是数据库? 什么是数据库管理系统? 什么是 Access 呢?

Access
数据库
技术及
应 用
情 境
教 程

Access
SHUJUKU
JISHUJI
YINGYONG
QINGJING
JIAOCHENG

4

【知识储备】

知识点1　数据处理技术

1. 数据与信息

数据(Data)是指存储在某种介质上能够识别的物理符号。我们现在所说的数据已经不再是简单的数字概念，它包括各种不同的表现形式，包括数字、文字、图形、图像、动画和声音等多媒体形式。如某人的出生日期是"1990年3月13日"，可以表示为"1990-3-13"，其含义并没有改变。所以，简单地说，数据就是描述事物的符号。

信息(Information)是经过数据处理以后得到的有用的数据。这种数据对于我们来说是有意义的。如给出一组数据(28,80,180)，这组数据如果不给它赋予特定的含义，那么它对我们数据的接收者来说可能是没有意义的，或者说是无法理解的。但如果我们定义这组数据是一个成年男性的年龄:28岁，体重:80公斤，身高180厘米，那么这组数据就有了特定的含义，我们把这组数据可以称作信息。所以信息是一种被加工成特定形式的数据，它与数据的关系如图1-1所示。

$$\boxed{数\ 据} \xrightarrow{\quad 数据处理 \quad} \boxed{信\ 息}$$

图1-1　数据与信息的关系

2. 数据处理技术的发展

早期的计算机主要用于科学计算，如今计算机已经广泛应用于财务管理、仓库管理、图书管理等诸多领域，它所处理的是大量的各种类型的数据。为了有效地管理和利用这些数据，就产生了计算机的数据管理技术，而数据管理技术的核心是数据处理。随着计算机软硬件技术的不断发展，数据处理技术的发展也不断变迁，经历了人工管理、文件管理和数据库系统这3个阶段。

(1)人工管理阶段

20世纪50年代中期以前，计算机主要用于数值计算，当时外存储器只有卡片、纸带、磁带等介质存储数据，没有像磁盘一样可以随机访问、直接存取的外部存储设备。软件方面没有操作系统，没有专门管理数据的软件。应用程序和数据之间的关系如图1-2所示。

图1-2　人工管理阶段应用程序与数据的关系

在人工管理阶段,数据处理的特点是:数据与应用程序之间没有独立性,一组数据对应一组应用程序。数据不能长期保存,程序运行结束后,数据也将被释放。一个程序中的数据无法被其他程序使用,数据重复存储,数据冗余度非常大。

(2)文件管理阶段

20世纪50年代后期到60年代中期,计算机的应用范围不再局限于科学计算,同时还大量用于管理。这时硬件方面出现了磁鼓、磁盘等大容量存储设备,软件方面也出现了操作系统,操作系统中有了专门的数据管理软件,称为文件系统。应用程序和数据之间的关系如图1-3所示。

图1-3　文件管理阶段应用程序与数据的关系

在文件管理阶段,数据处理的特点是:数据与应用程序之间有了一定的独立性;数据可以长期保存,而且数据与数据之间有了一定的共享性,但仍存在较大的数据冗余,数据还未达到完全的一致性。

(3)数据库系统阶段

20世纪60年代后期,随着计算机应用领域的日益发展,计算机在数据处理方面的应用越来越广泛,数据的处理量越来越大,仅仅基于文件系统的数据处理技术很难满足应用领域的需求。与此同时,计算机硬件和磁盘价格下降,为解决多用户、多应用共享数据的需求,出现了数据库技术和统一管理数据的专门软件系统——数据库管理系统。应用程序和数据之间的关系如图1-4所示。

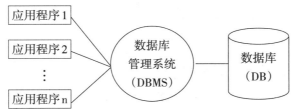

图1-4　数据库系统阶段应用程序与数据的关系

在数据库管理系统的支持下,系统可以有效地管理和存取大量的数据,主要特点包括:提高了数据共享性;使多个用户能够同时访问数据库中的数据;使数据冗余减小到最低;提高了数据的一致性和完整性,减少了应用程序的开发和维护成本。

20世纪80年代中后期,计算机技术不断应用到各行各业,数据库应用领域不断扩展,用户的需求呈现多样化和复杂化,需要存储的数据量也越来越大,数据之间的结构越

Access
数据库
技术及
应 用
情 境
教 程

Access
SHUJUKU
JISHUJI
YINGYONG
QINGJING
JIAOCHENG

6

来越复杂。因此,传统的数据库系统已经不能满足需求,各种新型的数据库系统纷纷涌现出来,如分布式数据库系统、面向对象数据库系统等。

知识点2　数据库系统

1. 数据库(DataBase,DB)

数据库是指长期存储在计算机内的有组织、可共享的数据集合。数据库中的数据是以一定的数据模型组织、描述和存储的,具有较小的冗余度、较高的数据独立性和易扩展性,并且可以被多个用户、多个应用程序共享。

2. 数据库管理系统(DataBase Management System,DBMS)

数据库管理系统是位于用户和操作系统之间的一层数据管理软件,实现对数据库的统一管理和控制,是整个数据库系统的核心。数据库管理系统能有效地组织、维护和存储数据。用户对数据库进行的各种操作,如数据库的建立、使用和维护,都是在数据库管理系统的统一管理和控制下进行的。

3. 数据库应用系统(DataBase Application System,DBAS)

数据库应用系统是指软件开发人员利用数据库管理系统开发的面向某一具体应用的应用软件。如教务管理系统、图书管理系统、财务管理系统、考试管理系统等都属于数据库应用系统。

4. 数据库系统(DataBase System,DBS)

数据库系统是指计算机中引入数据库之后组成的系统。数据库系统是由数据库、数据库管理系统、数据库应用系统、计算机软硬件、用户和数据库管理员组成的一个整体。通常情况下,我们习惯把数据库系统称为数据库。数据库系统层次如图1-5所示。

图1-5　数据库系统层次图

5. 数据库系统的特点

(1)实现数据共享,减少数据冗余

由于数据库系统中的数据统一管理、集成存储,使得数据可为多个应用所共享。数据的共享性高又减少了数据的冗余度,避免了数据的重复存储。

(2)数据的独立性高

在数据库系统中,应用程序对数据的总体逻辑结构、物理存储结构之间有着较高的独立性。用户以简单的逻辑结构来操作数据，无须考虑数据在存储器上的物理位置与结构。

（3）数据组织结构化

数据库中的数据是有结构的，这些数据由数据库管理系统进行统一的管理。在数据库系统中，数据不再针对某一应用，而是面向全局，形成整体的结构化。

（4）数据的统一控制和管理

数据库中的数据可以被多个应用程序共享，即多个用户可以同时使用一个数据库。数据库管理系统能够提供保护控制措施，包括数据的并发控制、数据的安全性控制和数据的完整性控制，避免产生错误数据。

任务2　数据模型

【任务引导】

数据库是某个企业、公司或部门所涉及数据的集合，它不仅要反映数据本身，而且要反映数据之间的联系。数据模型就是对现实世界特征的模拟和抽象。由于计算机不可能直接处理现实事物中的具体事物，所以人们需要事先把具体事物转换成计算机能够处理的数据，在数据库中采用数据模型来抽象、表示和处理现实世界中的数据和信息。

【知识储备】

知识点1　实体（Entity）

实体是指客观存在并相互区别的事物。实体可以是具体的事物，如一个学生、一台电脑、一辆汽车等；实体也可以是某种抽象的动作，如上一节课、上一次网、购一次物等。

知识点2　属性（Properties）

实体所具有的特性称为实体的属性。每个实体通常都具有多个属性，如学生实体有学号、姓名、性别、年龄、政治面貌等多个属性；图书实体有图书编号、分类号、书名、作者、出版社、定价等多个属性来描述。

知识点3　联系（Relationship）

现实世界是一个有机的相互关联的整体，实体之间的对应关系称为联系。实体之间的联系有一对一、一对多和多对多三种类型。

（1）一对一联系（1∶1）

一对一联系是指一个实体和另一个实体之间存在着一一对应的关系。如一个人有一个身份证号，一个身份证号对应着一个人，人和身份证号之间的联系就是一对一的联系。如图1-6（a）所示。

Access
数据库
技术及
应　用
情　境
教　程

Access
SHUJUKU
JISHUJI
YINGYONG
QINGJING
JIAOCHENG

8

（2）一对多联系（1:n）

一对多联系是指一个实体对应着多个实体。如一个学校有多名学生,而每一个学生只属于一个学校,学校和学生之间的联系就是一对多的联系。如图1-6（b）所示。

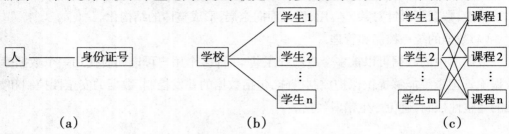

（a）　　　　　　　　　　（b）　　　　　　　　　　（c）

图1-6　实体联系类型示意图

（3）多对多联系（m:n）

多对多联系是指多个实体对应着多个实体。如一名学生可以选修多门课程,并且一门课程可以被多个学生选修,学生和课程之间的联系就是多对多联系。如图1-6（c）所示。

知识点4　E-R图

E-R图是用图形直观地描述实体间联系的一种表现方式。用长方形表示实体、椭圆形表示属性、菱形表示实体间的联系。图1-7描述的是学生和课程之间的E-R图。

图1-7　学生和课程的E-R图

知识点5　常用数据模型

1. 层次模型

层次模型是数据库系统中最早出现的数据模型,它用树形结构表示实体及实体间的联系。在层次结构中,每一个实体用节点来表示,节点与节点之间具有层次关系。如家族结构、行政组织结构等,它们都是自顶向下、层次分明。层次模型反映出实体与实体之间的一对多联系。图1-8描述了某高校行政组织层次结构。

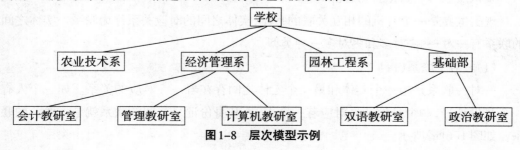

图1-8　层次模型示例

2. 网状模型

网状模型也称为网络模型，是层次模型的扩展，用类似网状的结构表示实体及实体间的联系。网状模型可以方便地表示实体间的多对多联系，但结构比较复杂，数据处理比较困难，如人际关系、公交站点间的关系等都是网状结构，网状模型反映出实体与实体间的多对多联系。图1-9描述了人际关系的网状结构。

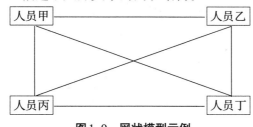

图1-9 网状模型示例

3. 关系模型

关系模型是用二维表表示实体与实体间联系的数据模型。在关系数据模型中，操作的对象和结果都是二维表，所以每一个二维表称为一个关系。表1.1描述了学生关系。

表1.1 学生关系

学 号	姓 名	性 别	出生日期	班 级
20100001	丁 鹏	男	1991-8-26	10土木1
20100002	李丽珍	女	1992-2-27	10会计电算化
20100003	吴芳芳	女	1992-3-13	10土木2
20100004	马 辉	男	1991-9-9	10电子

4. 面向对象模型

面向对象模型是面向对象概念与数据库技术相结合的产物，该模型吸收了层次、网状和关系模型的优点，并利用面向对象的设计思想与方法，处理复杂的数据结构，具有较强的灵活性、可重用性及可扩展性，但由于面向对象模型相对较为复杂，涉及的知识比较多，因此目前尚未普及。

知识点6 关系模型基础

关系模型具有坚实的数学理论基础，20世纪80年代以来，几乎所有的数据库管理系统都支持关系模型。目前常用的数据库管理系统如Access、Visual Foxpro、SQL Server、MySQL、Oracle、DB2、Sybase等都是关系数据库。

1. 关系模型基本术语

（1）关系

关系是用二维表结构表示实体与实体之间的联系，它由行和列组成。一个关系就是一张二维表。图1-10给出了学生表，图1-11给出了选课表，即给出了两个关系。这两

Access
数据库
技术及
应　用
情　境
教　程

Access
SHUJUKU
JISHUJI
YINGYONG
QINGJING
JIAOCHENG

10

个表通过共同的属性——学号,将两个表联系起来。

图1-10　学生表(学生关系)

图1-11　选课表(选课关系)

(2)元组

在二维表中,每一行称为一个元组,也称记录。如学生表中共有20行,即有20个元组或者20条记录。

(3)属性

二维表中每一列称为一个属性,也称字段。如选课表中共有4列,即有学号、课程号、成绩、教师编号4个属性或4个字段。

（4）域

属性的取值范围，即不同元组对同一属性的取值所限定的范围。如性别属性的域为{男，女}两个值。

（5）关键字

在关系中能够用来唯一标识一个元组的属性或属性的组合称为关键字。如学生表中的学号属性是关键字，它可以唯一标识每一个元组；而在选课表中，学号不能单独成为关键字，学号和课程号属性的组合可以成为关键字，用来唯一标识每一个选课表中的元组。

（6）主关键字

一个关系中可能有多个关键字，每一个关键字都能唯一标识一个元组，我们取出其中一个作为主关键字。一个关系中只能有一个主关键字。如一张职工表包含以下几个属性：职工号、姓名、身份证号、性别、档案编号等。其中职工号、身份证号和档案编号几个属性都可以作为表的关键字，我们可以把这三个属性中的任何一个取出来作为主关键字，另外两个属性就成为职工表的关键字，也称候选关键字。

（7）外部关键字

如果表中的一个字段不是本表的主关键字，而是另外一个表的主关键字或候选关键字，这个字段称为外部关键字。如选课表中的学号是学生表的外部关键字（学号是学生表的主关键字）。

2. 关系运算

（1）选择运算

从关系中找出满足条件的元组的操作称为选择运算。选择运算是横向从行上进行操作。如在学生关系中查询所有政治面貌为团员的学生记录，就是一个选择运算。

（2）投影运算

从关系中指定若干个属性组成新的关系称为投影运算。投影运算是纵向从列上进行操作。如在学生关系中显示所有学生的学号、姓名、性别、出生日期，就是一个投影运算。

（3）连接运算

连接运算是把两个关系按一定的条件进行连接生成一个新的关系。如学生关系和成绩关系通过学号属性连接在一起，就生成一个新的关系，就是连接运算。

3. 关系的特点

（1）关系中的每一个分量不可再分，是最基本的数据单位。

（2）每一列的分量是同属性的，各列的顺序可以任意交换，交换后不影响数据的使用。

（3）每一行由实体的多个分量组成，各行的顺序可以任意交换，交换后不影响数据的使用。

（4）一个关系是一张二维表，不允许有相同的属性名，也不允许有完全相同的元组。

Access
数据库
技术及
应　用
情　境
教　程

Access
SHUJUKU
JISHUJI
YINGYONG
QINGJING
JIAOCHENG

12

任务3　关系数据库设计基础

【任务引导】

如果使用较好的数据库设计过程,就能迅速、高效地创建一个完善的数据库,为访问所需信息提供方便。在设计时打好坚实的基础,设计出结构合理的数据库,将会节省日后整理数据库所需的时间,并能更快地得到精确的结果。

【知识储备】

知识点1　关系数据库

关系数据库是基于关系模型的数据库。在关系数据库中数据被保存在不同的数据表中,每一个表中的数据只记录一次,减少数据冗余,其数据结构简单、清晰,易于操作和管理。

1. 关系模型与关系数据库

由关系模型建立的数据库称为关系数据库。关系数据库是由多张二维表组成的。关系模型与关系数据库中的术语对应关系如表1.2所示。

表1.2　关系模型与关系数据库的术语对照

关系模型	关系数据库	关系模型	关系数据库	关系模型	关系数据库
关系	表	属性	字段	外码	外键
元组	记录	主码	主键		

2. 关系数据库的特点

(1)以面向系统的观点组织数据,使数据具有最小的冗余度,支持复杂的数据结构。

(2)具有高度独立性,应用程序和数据的逻辑结构及物理存储方式无关。

(3)数据库中的数据具有共享性,能为多个用户提供服务。

(4)关系数据库允许多个用户同时访问,同时提供多种控制功能,能保证数据的安全性、完整性和并发性。

知识点2　关系数据库设计步骤

在数据库应用系统的开发过程中,数据库设计是开发的核心和基础。数据库设计是指定一个给定的应用环境,构造最优的数据模式,建立数据库及其应用系统,使创建的数据库能够有效地存储数据,满足用户的应用需求。设计数据库,一般需要遵循以下6个步骤:

1. 需求分析

需求分析是数据库设计的第一步,也是最困难、最耗费时间的阶段。需求分析阶段的主要任务是从多方面进行调查、收集原始数据,全面了解用户的各种需求。需求分析是否准确直接关系到整个数据库的质量,决定数据库应用系统的成败。

2. 概念结构设计

概念结构设计是把对用户的需求分析进行综合、归纳、抽象,建立一个独立于具体的数据库管理系统、独立于具体实现的概念模型。概念模型通常使用E-R图描述数据及数据之间的联系,所以概念模型也称E-R模型。

3. 逻辑结构设计

逻辑结构设计是将概念模型转换为关系模型,也就是将E-R图转换为相应的二维表,并对其进行优化。

4. 物理结构设计

物理结构设计是在逻辑结构设计的基础上,根据应用系统的规模选取合适的数据库管理系统。

5. 系统实施

将物理结构设计的结果,创建一个具体的数据库,创建表、编写应用程序、对系统进行测试等具体工作。

6. 系统运行与维护

数据库应用系统投入运行后,为了保证系统运行良好,需要不断对数据库进行维护。包括数据库的存储、备份、恢复、改进等维护工作。

任务4 创建Access 2010数据库

【任务引导】

Access 2010是微软公司推出的一款关系型数据库管理系统,它作为Office 2010办公软件的重要组件之一,其操作简单、界面友好、使用方便,深受计算机专业人员和非专业人员的喜爱。利用Access 2010提供的工具和向导,用户可以在可视化的状态下完成各种数据库管理和开发工作。通过编写少量的代码,甚至无需编写任何代码,就可以开发一套功能完善、满足实际需求的数据库应用系统。

【知识储备】

知识点1 Access数据库的发展历史

1992年11月,微软公司发布了关系型数据库管理系统Access 1.0版本。1995年年

Access
数据库
技术及
应用
情境
教程

Access
SHUJUKU
JISHUJI
YINGYONG
QINGJING
JIAOCHENG

14

底,微软公司发布了世界上第一个32位关系型数据库管理系统Access 95。1997年和2000年微软公司相继发布了Access 97和Access 2000。这两款数据库管理系统的发布,开拓了Access数据库从桌面向网络的发展,Access在桌面数据库领域的普及跃上了一个新的台阶。2003年和2007年微软公司又相继发布了Access 2003和Access 2007,2010年推出了Access 2010。

知识点2　Access 2010工作界面

打开Access 2010就可以进入其工作界面,如图1-12所示。

图1-12　Access 2010**工作界面**

Access2010工作界面由3个主要部分组成,分别为后台视图、功能区和导航窗格。

1.后台视图

后台视图是Access2010中新增的功能。在打开Access2010未打开数据库时所看到的窗口就是后台视图。

2.功能区

功能区位于Access主窗口的顶部,它取代了Access之前版本的菜单和工具栏的主要功能,由多个选项卡组成,每个选项卡上有多个按钮组。Access2010功能区主要选项卡包括"文件"、"开始"、"创建"、"外部数据"、"数据库工具"。

3.导航窗格

导航窗格在Access窗口的左侧,按类别和组进行组织,可以在其中选择各种数据库对象。

知识点3　Access 2010数据库对象

Access将所提供的各种对象存放在一个扩展名为accdb的文件中,不同的数据库对象在数据库中起着不同的作用,Access2010的数据库对象分别为:表、查询、窗体、报表、宏和模块。

1. 表

表(Table)是数据库中用来存储数据的对象,是整个数据库系统的基础。Access 允许一个数据库中包含多个表。用户可以在不同的表中存储不同类型的数据。通过建立表间的关系,可以将不同的表联系起来,以便用户使用。在表中,数据以二维表的形式保存。图1-13是一张教师表。

图1-13　教师表

2. 查询

查询(Query)是用来操作数据库中记录的对象,利用查询用户可以按照一定的条件或准则从一个或多个表中筛选出所需的记录,形成一个动态的数据集。虽然查询外观与运行形式和表相同,但查询本身不包含数据,是一个虚表。查询也是体现数据库设计目的的数据库对象。图1-14是一个学生选课查询。

图1-14　学生选课查询

Access
数据库
技术及
应 用
情 境
教 程

Access
SHUJUKU
JISHUJI
YINGYONG
QINGJING
JIAOCHENG

16

3. 窗体

窗体(Form)是数据库和用户进行交互的界面。通过窗体可以显示数据表中的数据、编辑、输入数据等。通过在窗体中插入各种控件如命令按钮、文本框、标签、图片等，不仅可以实现执行各种动作，还可以美化系统界面。图1-15是一个学生基本信息浏览窗体。

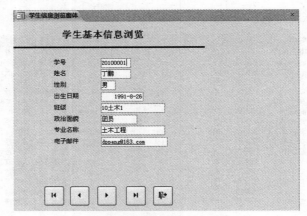

图1-15　学生基本信息浏览窗体

4. 报表

报表(Report)是Access数据库中进行打印输出的基本模块，利用报表可以将数据库中的数据进行分析、整理和计算，并将数据格式化后进行打印输出。报表的数据源可以是表、查询或SQL命令。图1-16是一个教师信息报表。

教师信息报表

教师编号	姓名	性别	年龄	婚否	工作时间	学历	职称
620001	王春雯	女	35	☑	1999/7/1	硕士	讲师
620002	具雪梅	女	50	☑	1983/9/1	大学本科	研究员
620003	李柏年	男	26	☐	2008/9/1	硕士	助教
620004	武胜全	男	41	☑	1993/8/1	大学本科	副教授
620005	马子民	男	48	☑	1986/8/1	大学本科	高级实验师
620006	包小敏	女	33	☑	2001/9/1	硕士	讲师
620007	安朝霞	女	40	☑	1994/9/1	大学本科	副教授
620008	蔡路明	男	28	☐	2005/9/1	硕士	讲师
620009	魏晓娟	女	46	☑	1988/7/1	大学本科	副教授

图1-16　教师信息报表

5. 宏

宏(Macro)是一个或多个操作的集合，其中每个宏操作实现特定的功能，用户使用宏或者宏组可以方便地执行各种任务，而且无需编程。图1-17是一个简单操作宏。

图1-17　简单操作宏

6. 模块

模块（Module）是Access数据库中用来编写VBA应用程序，完成复杂任务的对象。模块可以完成宏等不能完成的任务，而且通过模块与窗体、报表等Access对象的联系，可以建立完整、功能强大的数据库应用系统。图1-18是一个登录模块。

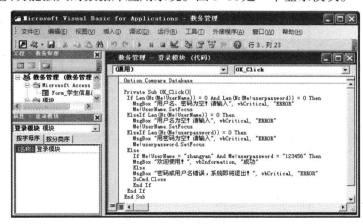

图1-18　登录模块

知识点4　Access 2010数据库的创建

1. 创建数据库

数据库的创建方法有两种，一种是利用数据库模板创建数据库，仅一次操作就可以创建所需的各种数据库对象，如表、查询、窗体、报表等；另一种是建立空数据库，然后向其中添加表、查询、窗体和报表等对象。利用模板创建的数据库方法较为简单，但只能满足特定用户需求；而利用空数据库创建方法灵活，能满足各种不同用户需求。

2. 打开数据库

打开数据库的方法有两种，双击数据库名称打开或通过"打开"命令打开。

3. 关闭数据库

关闭数据库的常用方法有如下四种：

Access
数据库
技术及
应 用
情 境
教 程

Access
SHUJUKU
JISHUJI
YINGYONG
QINGJING
JIAOCHENG

18

（1）单击"数据库"窗口右上角的"关闭"按钮。

（2）双击"数据库"窗口左上角"控制"菜单图标。

（3）单击"数据库"窗口左上角"控制"菜单图标，从"文件"的菜单中选择"退出"命令。

（4）用快捷键 Alt+F4 关闭数据库。

【工作任务】

【案例1-1】安装 Access 2010 数据库。

【案例效果】Access 2010 是 Office 2010 的一个重要组成部分，安装 Access 2010 是通过安装 Office 2010 来完成的。通过本案例的学习，可以学会安装 Access 2010 数据库的基本方法。

【安装过程】

（1）将 Office 2010 安装光盘放入光盘驱动器中，运行 setup. exe 文件。如图1-19所示。

图1-19　安装初始化界面

（2）选择"我接受此协议的条款"，如图1-20所示。

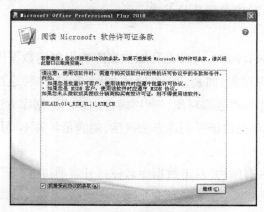

图1-20　接受安装协议

（3）单击"继续"按钮。如图1-21所示。

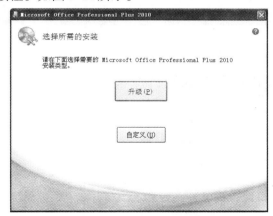

图1-21　选择所需的安装

（4）选择安装方式。单击"自定义"按钮，如图1-22所示。

图1-22　选择安装方式

（5）安装应用程序。如图1-23所示。

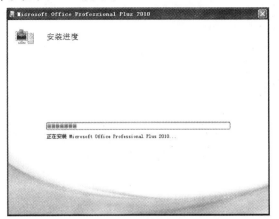

图1-23　安装应用程序

Access
数据库
技术及
应用
情境
教程

Access
SHUJUKU
JISHUJI
YINGYONG
QINGJING
JIAOCHENG

20

（6）完成安装。如图1-24所示。

图1-24 完成安装

【案例1-2】利用"样本模板"创建"学生"数据库。

【案例效果】图1-25是使用"样本模板"创建的"学生"数据库。通过本案例的学习，可以学会利用模板创建数据库的方法。

图1-25   模板创建的学生数据库

【设计过程】

（1）启动Access 2010，单击"文件"中"可用模板"里的"样本模本"选项，然后选择"学生"，如图1-26所示。

图1-26　模板向导

（2）在"文件新建数据库"对话框中选择数据库的保存位置，并输入"学生"，如图1-27所示。

图1-27　文件保存位置

（3）单击"创建"按钮，完成"学生"数据库创建。如图1-25所示。

【提示】利用"数据库向导"创建的表可能与需要的表不完全相同，表中包含的字段可能与需要的字段不完全一样。因此，通常使用"数据库向导"创建数据库后，还需要对其进行修改和补充。

Access
数据库
技术及
应　用
情　境
教　程

Access
SHUJUKU
JISHUJI
YINGYONG
QINGJING
JIAOCHENG

22

【案例1-3】创建"教学管理"空数据库。

【案例效果】图1-28是创建的"教学管理"数据库。通过本案例的学习,可以学会创建空数据库的方法。

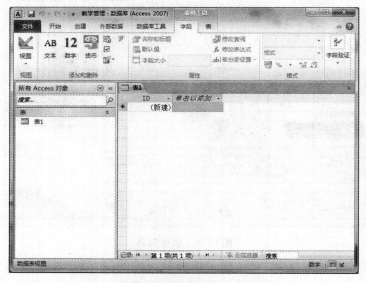

图1-28　教学管理空数据库

【设计过程】

(1)单击"文件"中的"新建"命令,然后单击任务窗格中的"空数据库"选项,打开"文件新建数据库"对话框,如图1-29所示。

图1-29　"文件保存位置"对话框

（2）在"文件新建数据库"对话框的"保存位置"处选择数据库的保存位置。

（3）在"文件名"文本框中输入数据库名称"教学管理"，单击"创建"按钮，完成"教学管理"空数据库的创建。如图1-28所示。

【提示】利用"空数据库"创建数据库后，在数据库中并没有任何其他数据库对象，用户可以根据需要在该数据库中创建其他的数据库对象。

【实战演练】

1. 用两种方法启动 Access 2010 数据库。

2. 在 D 盘根目录下创建一个名为"图书管理"的空数据库。

3. 利用数据库模板创建"罗斯文"数据库。

4. 关闭"罗斯文"数据库，退出 Access 应用程序。

【任务评价】

【习题】

一、选择题

1. Access 支持的数据模型是（　　）。

　A. 层次模型　　　　B. 关系模型　　　　C. 网状模型　　　　D. 树状模型

2. 关系数据库是以（　　）为基本结构而形成的数据集合。

　A. 数据表　　　　B. 关系模型　　　　C. 数据模型　　　　D. 关系代数

3. 数据库是（　　）。

　A. 以一定的组织结构保存在辅助存储器中的数据的集合

　B. 一些数据的集合

　C. 辅助存储器上的一个文件

Access
数据库
技术及
应 用
情 境
教 程

Access
SHUJUKU
JISHUJI
YINGYONG
QINGJING
JIAOCHENG

24

D. 磁盘上的一个数据文件

4. 数据库管理系统的主要功能是( )、操作数据、数据库的运行控制。

    A. 保护数据　　　　　B. 开发数据　　　　　C. 定义数据　　　　　D. 应用数据

5. 数据库DB、数据库系统DBS、数据库管理系统DBMS之间的关系是( )。

    A. DBS包括DB和DBMS　　　　　　　　B. DBMS包括DB和DBS

    C. DB包括DBS和DBMS　　　　　　　　D. DBS就是DB,也就是DBMS

6. 数据库系统的核心是( )。

    A. 数据模型　　　　　B. 数据库管理系统　　　C. 软件工具　　　　　D. 数据库

7. 数据库系统不仅包括数据库本身,还包括相应的硬件、软件和( )。

    A. 数据库管理系统　　　　　　　　　　B. 各类相关人员

    C. 文件系统　　　　　　　　　　　　　D. 数据库应用系统

8. 在数据库的三级模式结构中,描述数据库中全局逻辑结构和特征的是( )。

    A. 外模式　　　　　　B. 内模式　　　　　　C. 存储模式　　　　　D. 模式

9. Access适合开发的数据库应用系统是( )。

    A. 小型　　　　　　　B. 中型　　　　　　　C. 大型　　　　　　　D. 以上三种均可

10. 利用Access2010创建的数据库文件,其扩展名为( )。

    A. APP　　　　　　　B. DBF　　　　　　　C. FRM　　　　　　　D. ACCDB

11. 下列说法错误的是( )。

    A. 人工管理阶段程序之间存在大量重复数据,数据冗余大

    B. 文件系统阶段程序和数据有一定的独立性,数据文件可以长期保存

    C. 数据库阶段提高了数据的共享性,减少了数据冗余

    D. 上述说法都是错误的

12. 当前使用最广泛的数据模型是( )。

    A. 网络数据模型　　　　　　　　　　　B. 层次数据模型

    C. 链状数据模型　　　　　　　　　　　D. 关系数据模型

13. 用二维表数据来表示实体及实体之间联系的数据模型称为( )。

    A. 实体—联系模型　　　　　　　　　　B. 层次模型

    C. 网状模型　　　　　　　　　　　　　D. 关系模型

14. 关系型数据库管理系统中所谓的关系是指( )。

    A. 各条记录中的数据彼此有一定的关系

B. 一个数据库文件与另一个数据库文件之间有一定的关系

C. 数据模型符合满足一定条件的二维表格式

D. 数据之间有一定的关系

15. 关系数据模型(　　　)。

　　A. 只能表示实体之间的1:1联系　　　　B. 只能表示实体之间的1:n联系

　　C. 只能表示实体之间的m:n联系　　　　D. 可以表示实体间的上述三种联系

16. 在E-R模型中,通常实体、属性、联系分别用(　　　)表示。

　　A. 矩形框、椭圆形框、菱形框　　　　　B. 椭圆形框、矩形框、菱形框

　　C. 矩形框、菱形框、椭圆形框　　　　　D. 菱形框、矩形框、椭圆形框

17. 关系数据库的任何检索操作都是由3种基本运算组合而成的,这3种基本运算不包括(　　　)。

　　A. 连接　　　　　　B. 关系　　　　　　C. 选择　　　　　　D. 投影

18. 在数据库中能够唯一标识一个元组的属性称为(　　　)。

　　A. 记录　　　　　　B. 字段　　　　　　C. 域　　　　　　　D. 关键字

19. 从关系中找出满足给定条件的元组的操作称为(　　　)。

　　A. 选择　　　　　　B. 投影　　　　　　C. 连接　　　　　　D. 自然连接

20. 二维表由行和列组成,每一行表示关系的一个(　　　)。

　　A. 属性　　　　　　B. 字段　　　　　　C. 集合　　　　　　D. 记录

二、填空题

1. _____的根本任务就是把数据加工成信息。

2. 计算机数据管理的发展分为人工管理阶段、_____和_____三个阶段。

3. 关系模型的数据操纵即是建立在关系上的数据操纵,一般有_____、增加、删除和修改四种操作。

4. 常用的数据模型有_____、_____、_____3种。

5. 写出下面英文缩写的中文名称或含义:

DB:_____　　　　　　BMS:_____

E-R图:_____　　　　　DML:_____

6. 数据模型不仅表示反映事物本身的数据,而且表示_____。

7. 自然连接是指_____。

Access
数据库
技术及
应 用
情 境
教 程

Access
SHUJUKU
JISHUJI
YINGYONG
QINGJING
JIAOCHENG

26

8. 有两个关系:学生选修课(学号,姓名,课程号)和课程(课程号,课程名,学分),其中"课程号"在关系"学生选修课"中称为_____。

9. 在关系数据模型中,二维表的列称为_____。

10. 在关系数据库的基本操作中,从表中取出满足条件的元组的操作称为_____;把两个关系中相同属性值的元组连接到一起形成新的二维表的操作称为_____;从表中抽取属性值满足条件列的操作称为_____。

学习情境二

数据表的创建与使用

情境描述

本情境要求学生学会表的创建方法、Access 的字段类型及属性设置、创建查阅向导字段、主键和索引、表间关系;熟悉字段的编辑方法;学会表的格式设置及表中数据的操作方法等。本情境参考学时为 12 学时。

学习目标

学会使用数据表视图及表设计视图创建表。

学会设置字段的属性、建立主键、建立表间关系。

学会修改表结构、进行表的格式设置。

学会添加、删除、修改、查询、排序和筛选表中记录。

工作任务

任务1　创建表

任务2　设置字段属性

任务3　建立表间关系

任务4　表的数据操作

任务5　维护表

任务6　使用表中数据

学习情境二　数据表的创建与使用

任务1　创建表

【任务引导】

表是数据库中用来存储数据的对象,它是整个数据库系统的基础,同时也为其他数据库对象(如查询、窗体、报表等)提供数据来源。因此,表创建的好坏直接决定着数据库的后续操作。

【知识储备】

知识点1　表的组成

在 Access 中,表是一个满足关系模型的二维表,即由行和列组成的表格。每个表都

Access
数据库
技术及
应 用
情 境
教 程

Access
SHUJUKU
JISHUJI
YINGYONG
QINGJING
JIAOCHENG

30

有自己的名字,我们称为表名。表的命名应该直观、简单,应做到见名知义、言简意赅,即根据表的名称可以知道表中存储数据的用途。

表名是访问表中数据的唯一标识,用户只有通过表名,才能使用指定的表。一张表是由表结构和表内容两部分组成。

知识点2　表结构设计

表结构的设计主要是对表中每个字段的属性(如字段名称、字段类型、字段大小等)进行设置,表结构设计的合理性和完整性是一个数据库系统设计好坏的关键。

1. 字段名称

字段名称是用来标识每一个字段的,字段名称的命名也有自己的规则,具体命名规则如下:

(1)长度为1~64个字符。

(2)由字母、汉字、数字、空格和其他字符组成,但不能使用句号(.)、惊叹号(!)、方括号([ ])和单引号(')等字符,也不能以空格开头。

(3)不能包含控制字符(0~32的ASC Ⅱ值)。

【提示】尽量不要使用Access内部的关键字,如and、or、if、select等,以免发生混淆;建议不要在字段中使用空格;Access中不区分大小写字母,如ABC和abc表示同一字段。

2. 字段类型

字段类型是字段在存储和使用过程中使用的数据类型。Access 2010表中提供了文本、备注、数字、日期/时间、货币、自动编号、OLE对象、是/否、超链接、查阅向导、附件、计算12种数据类型。

(1)文本型

文本型字段用来存放字符串数据。如:学号、姓名、性别等字段。文本型数据可以存储汉字和ASCII字符,最大长度为255个字符,默认长度为50个字符,用户可以根据需要自行设置。

(2)备注型

备注型字段用来存放较长的文本型数据。如:备忘录、简历等字段。

备注型数据是文本型数据类型的特殊形式,备注型数据最多可存储65536个字符。

(3)数字型

数字型字段用来存储整数、实数等可以进行计算的数据。数值型可以分为整型、长整型、单精度型、双精度型等,数据的长度由系统设置,分别为1、2、4、8个字节。

(4)日期/时间型

日期/时间型字段用于存放日期、时间,或日期时间的组合。日期/时间型数据分为常规日期、长日期、中日期、短日期、长时间、中时间、短时间等类型。字段大小为8个字节,由系统自动设置。

(5)货币型字段

货币型字段用于存放具有双精度属性的货币数据。字段大小为8个字节,由系统自动设置。

(6)自动编号型

自动编号型字段用于存放系统为记录绑定的顺序号。自动编号型字段的数据无需输入,当增加记录时,系统为该记录自动编号。字段大小为4,由系统自动设置。一个表只能有一个自动编号型字段,该字段中的顺序号永久与记录相连,不能人工指定或更改自动编号型字段中的数值。

(7)是/否型

是/否型字段用于存放逻辑数据,表示"是/否"或"真/假"。字段大小为1,由系统自动设置。例如:婚否、团员否等字段可以使用是/否型。

(8)OLE 对象型

OLE(Object Linked and Embedded)的中文含义是"对象的链接与嵌入",用来链接或嵌入 OLE 对象,例如:文字、声音、图像、表格、应用程序等。OLE 对象字段最大容量为1GB。

(9)超链接型

超链接型字段存放超链接地址。超链接型字段包含作为超链接地址的文本或以文本形式存储的字符与数字的组合。例如:网址、电子邮件。

(10)查阅向导型

查阅向导型是一种比较特殊的数据类型。查阅向导型字段仍然显示为文本型,所不同的是该字段保存一个值列表,输入数据时可以从一个下拉式值列表中选择。

(11)附件型

附件型用于存储所有种类的文档和二进制文件,可将其程序中的数据添加到该类型字段中。例如,可以将 Word 文档添加到该字段中,或将一系列数码图片保存到数据库中,但不能键入或以其他方式输入文本或数字数据。对于压缩的附件,附件类型字段最大容量为2GB,对于非压缩的附件,该类型最大容量约为700KB。

(12)计算型

计算型用于显示计算结果,计算时必须引用同一表中的其他字段。可以使用表达式生成器来创建计算。计算字段的长度为8个字节。

知识点3　主键

主键是数据表中用于唯一标识记录的一个字段或多个字段的组合,也称为主关键字。主键字段的值不能重复,也不能为空。在数据库中,只有建立了主键,才能与数据库

Access
数据库
技术及
应用
情境
教程

Access
SHUJUKU
JISHUJI
YINGYONG
QINGJING
JIAOCHENG

32

中其他的表建立关系,从而获取相关信息。

定义主键的方法有两种,一是在建立表结构时定义主键,二是在表结构建好后,重新打开表的"设计视图"定义主键。在 Access 中,可以定义三种类型的主键,即自动编号、单字段和多字段主键。自动编号主键是,当向表中增加一条记录时,主键字段值会自动加1,如果在保存新建表之前未设置主键,则 Access 会询问是否创建主键,选择"是",Access 将自动创建自动编号型的主键。单字段主键是以某一字段作为主键,来唯一标识表中记录。多字段主键是由两个或两个以上的字段组合在一起来唯一标识表中记录。单字段和多字段主键可由用户自行定义。

【工作任务】

【案例2-1】使用"设计视图"创建"教师表"。

【案例效果】图2-1是使用表"设计视图"创建的"教师表",表2.1是教师表的表结构,通过本案例的学习,可以学会使用"设计视图"创建表的基本方法。

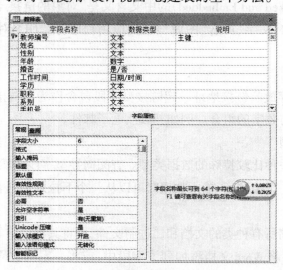

图2-1 "教师表"设计视图

表2.1 教师表结构

字段名称	字段类型	字段大小	是否主键	字段名称	字段类型	字段大小	是否主键
教师编号	文本	6	是	工作时间	日期/时间	默认	
姓名	文本	4		学历	文本	4	
性别	文本	1		职称	文本	6	
年龄	数字	整型		系别	文本	20	
婚否	是/否	默认		手机号	文本	11	

【设计过程】

（1）打开"教学管理"数据库，单击"创建"选项卡，然后再单击"表格"组中的"表设计"按钮，打开表设计视图，如图2-2所示。

图2-2　表设计视图

（2）单击"设计"视图的第1行"字段名称"列，输入"教师表"的第1个字段名称"教师编号"，并选择"数据类型"列中的"文本"，最后在说明列中输入说明信息"主键"。

（3）重复上一步，按表2-1所给字段名称和数据类型，分别定义表中其他字段。

（4）完成全部字段定义后，选择第1个字段"教师编号"，然后单击工具栏中的"主键"按钮，为"教师表"定义一个主键，设计结果如图2-1所示。

（5）单击"保存"按钮，在"表名称"框中输入表名"教师表"，单击"确定"，完成"教师表"的创建。

【提示】利用"设计视图"创建的表结构是Access中最快捷、最有效的一种创建表的方法。

用同样的方法（设计视图）创建学生表，结构如表2.2所示。

表2.2　学生表结构

字段名称	字段类型	字段大小	是否主键	字段名称	字段类型	字段大小	是否主键
学号	文本	8	是	政治面貌	文本	10	
姓名	文本	4		专业名称	文本	20	
性别	文本	1		电子邮件	超链接		
出生日期	日期/时间	默认		照片	OLE对象		
班级	文本	20					

Access
数据库
技术及
应用
情境
教程

Access
SHUJUKU
JISHUJI
YINGYONG
QINGJING
JIAOCHENG

34

【案例2-2】使用数据表视图创建"选课表"。

【案例效果】图2-3是使用"数据表视图"创建的"选课表",表2.3是选课表的表结构。通过本案例的学习,可以学会使用"数据表视图"创建表的基本方法。

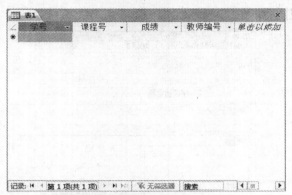

图2-3 "选课表"数据表视图

表2.3 选课表结构

字段名称	字段类型	字段大小	是否主键	字段名称	字段类型	字段大小	是否主键
学号	文本	8	是	成绩	数字	单精度	
课程号	文本	4	是	教师编号	文本	8	

【设计过程】

(1)打开"教学管理"数据库,单击"创建"选项卡,然后再单击"表格"组中的"表"按钮,打开数据表视图,如图2-4所示。

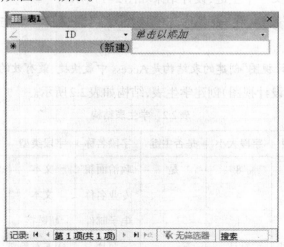

图2-4 数据表视图

(2)选中"ID"字段列,在"表格工具/字段"选项卡的"属性组"中,单击"名称和标题"

按钮,弹出"输入字段属性"对话框,在该对话框的"名称"文本框中输入"学号",如图2-5所示。单击"确定"按钮。

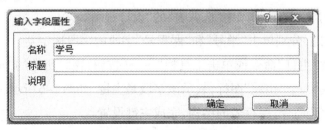

图2-5 "输入属性字段"对话框

(3)单击"学号"字段列,在"字段"选项卡的"格式"组中,单击"数据类型"下拉列表框右侧下拉箭头按钮,从弹出的下拉列表框中选择"文本";在"属性"组的"字段大小"文本框中输入字段大小值"8"。

(4)按照"选课"表结构,参照以上步骤完成"选课"表的创建。

【提示】利用"数据表视图"创建的表结构无法设置更详细的属性设置。对于比较复杂的表结构,需要在表创建好后在设计视图中重新修改表结构。

用同样的方法(数据表视图)创建课程表,结构如表2.4所示。

表2.4 课程表结构

字段名称	字段类型	字段大小	是否主键	字段名称	字段类型	字段大小	是否主键
课程号	文本	4	是	课程类别	文本	6	
课程名称	文本	20		成绩	数字	单精度	

【案例2-3】将"选课表"中的"学号"和"课程号"字段设置为多字段主键。

【案例效果】图2-6是将"选课表"中的"学号"和"课程号"字段设置为主键。通过该案例的学习可以学会在表中设置多字段主键的基本方法。

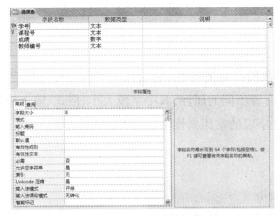

图2-6 多字段主键

Access
数据库
技术及
应 用
情 境
教 程

Access
SHUJUKU
JISHUJI
YINGYONG
QINGJING
JIAOCHENG

36

【设计过程】

（1）打开"教学管理"数据库中"选课表"的"设计视图"。

（2）按住Ctrl键，分别单击"学号"和"课程号"字段的字段选定器。

（3）单击右键"主键"命令或单击工具栏"主键"按钮，这时所选的"学号"和"课程号"字段选定器上显示一个"钥匙"图标，表示该字段是主键，如图2-6所示。

（4）单击"保存"命令，保存表的结构，完成主键设置。

【提示】一个表只能定义一个主键，选择连续多个字段可使用Shift键；选择不连续的多个字段可使用Ctrl键。

【实战演练】

利用表设计视图和数据表视图在"教学管理"数据库中创建"教师表"、"学生表"、"课程表"、"选课表"4张表，表结构参考本教材表2.1~2.4。

【任务评价】

任务2　设置字段属性

【任务引导】

字段属性表示字段所具有的特性，它定义了字段数据的保存、处理和显示等特征。不同数据类型的字段有着不同的属性，其中字段大小、格式、输入掩码、标题、有效性规则和有效性文本、索引是字段的常用属性。

【知识储备】

知识点1　字段大小

字段大小属性用来控制允许输入的最大字符数。该属性只适用于文本型和数字型两种类型的字段。对于文本型字段，其字段大小的取值范围为0~255；对于数字型字段，其字段大小可以选择字节、整数、长整数、单精度和双精度型中的一种。

知识点2　格式

格式属性用于定义数据显示或打印格式。它只改变数据的显示格式而不改变保存在数据表中的数据。

用户可以使用系统的预定义格式，也可以使用格式符号来设置自定义格式。不同的数据类型有着不同的格式，如表2.5所示。

表2.5　各种数据类型的格式设置

文本/备注		数字/货币		日期/时间		是/否	
设置	说明	设置	说明	设置	说明	设置	说明
@	文本字符	●	小数分隔符	常规日期	2012–08–08 18:30:46	真/假	–1为True,0为False
&	不要求文本字符	,	千位分隔符	长日期	格式:2012年8月8日	是/否	–1为是,0为否
>	所有字母变为大写	0	数字占位符,显示一个数字或0	中日期	格式:12–08–08	开/关	–1为开,0为关
<	所有字母变为小写	#	数字占位符,显示一个数字或不显示	长时间	格式:18:30:46		
!	所有字符由左向右填充	$	显示字符"$"	中时间	格式:下午6:30		
		%	用百分号显示数据	短时间	格式:18:30		

知识点3　输入掩码

输入掩码属性可以控制数据的输入格式并按输入时的格式显示。例如在电话号码为"(010)65885445"，如果使用手动方式重复输入这种固定格式的数据，显然非常麻烦。此时，可以定义一个输入掩码，将格式中不变的部分固定成一种形式，这样输入数据时，只需要输入变化的部分，不变部分则无需输入。

文本、数字、日期/时间、货币等数据类型的字段，都可以根据需要定义输入掩码。输入掩码属性所用字符及含义如表2.6所示。

表2.6　输入掩码字符及含义

字　符	含　义
0	必须输入数字(0~9)
9	可以选择输入数据或空格

Access
数据库
技术及
应用
情境
教程

Access
SHUJUKU
JISHUJI
YINGYONG
QINGJING
JIAOCHENG

38

字　符	含　义
#	可以选择输入数据或空格(在"编辑"模式下空格以空白显示,但是在保存数据时将空白删除,允许输入加号和减号)
L	必须输入字母(A~Z)
?	可以选择输入字母(A~Z)
A	必须输入字母或数字
a	可以选择输入字母或数字
&	必须输入任何的字符或一个空格
C	可以选择输入任何的字符或一个空格
. : ; – /	小数点占位符及千位、日期与时间的分隔符(实际的字符将根据"Windows 控制面板"中"区域设置属性"中的设置而定)
<	将所有字符转换为小写
>	将所有字符转换为大写
!	使输入掩码从右到左显示,而不是从左到右显示。输入掩码中的字符始终都是从左到右填入。可以在输入掩码中的任何地方包括感叹号。
\	使接下来的字符以原义字符显示(例如,\A 只显示为 A)

知识点 4　标题

标题属性用于指定字段的不同显示名称,也就是给字段起一个别名。

知识点 5　默认值

默认值是一个非常有用的属性。在一个数据表中,往往会有一些字段的数据内容相同,为了减少数据的输入量,可以将出现较多的值作为该字段的默认值。

知识点 6　有效性规则与有效性文本

有效性规则用于设置输入到字段中数据的取值范围。有效性文本是设置当用户输入字段有效性规则不允许的值时显示的出错提示信息,用户必须对字段值进行修改,直到数据输入正确。有效性规则的形式随着字段数据类型的不同而不同。

知识点 7　索引

索引是能根据键值加速在表中查找和排序的速度,并且能对表中的记录实施唯一性。

索引按功能可以分为唯一索引、主索引和普通索引 3 种。其中建立唯一索引的字段值不能重复,在 Access 一个数据表中可以创建多个唯一索引。主索引是从唯一索引中挑出其中一个作为主索引,一个表中只能创建一个主索引。普通索引的字段值可以重复,一个表中可以创建多个普通索引。

【工作任务】

【案例2-4】将"教师表"中"教师编号"字段的字段大小设置为6,"年龄"字段的字段大小设置为"整型"。

【案例效果】图2-7和2-8是设置文本型和数字型字段的字段大小。通过本案例的学习,可以学会字段大小的基本设置方法。

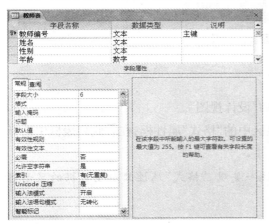 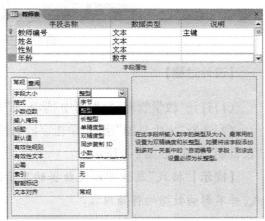

图2-7　文本型字段大小设置　　　　图2-8　数字型字段大小设置

【设计过程】

(1)打开"教学管理"数据库中"教师表"的"设计视图"。

(2)选择"教师编号"字段,这时在"字段属性"区中显示了该字段的所有属性。在"字段大小"文本框中输入"6",如图2-7所示。再选择"年龄"字段,在"字段大小"列表框中选择"整型",如图2-8所示。

【提示】如果文本型字段中已经有数据,那么减小字段大小会丢失数据,将截去超过长度的字符。如果在数字型字段中包含小数,那么将字段大小设置为整数时,数据自动取整。

【案例2-5】将"学生表"中"出生日期"字段的格式设置为"长日期"。

【案例效果】图2-9是设置日期型数据的格式。通过本案例的学习可以学会设置字段格式的操作方法。

Access
数据库
技术及
应 用
情 境
教 程

Access
SHUJUKU
JISHUJI
YINGYONG
QINGJING
JIAOCHENG

40

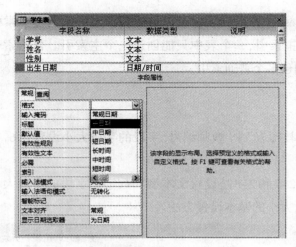

图2-9　字段格式设置

【设计过程】

(1)打开"教学管理"数据库中"学生表"的"设计视图"。

(2)选择"出生日期"字段,单击字段属性区中的"格式"属性框,在右侧列表框中选择"长日期"格式,如图2-9所示。

【提示】"格式"属性可以使数据的显示统一美观。"格式"属性只影响数据的显示格式,并不影响数据的存储内容。

【案例2-7】将"教师表"中"手机号"字段的输入掩码设置为只能输入11位数字。

【案例效果】图2-10是设置字段的输入掩码。通过本案例的学习可以学会设置字段输入掩码的操作方法。

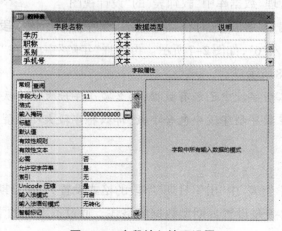

图2-10　字段输入掩码设置

【设计过程】

(1)打开"教学管理"数据库中"教师表"的"设计视图"。

(2)选择"手机号"字段,单击字段属性区中的"输入掩码"属性框,在文本框中输入11个0,如图2-10所示。

【提示】"输入掩码"属性还可以用输入掩码向导来设置,但只为"文本"和"日期/时间"两种字段提供了输入掩码向导,对于"货币"和"数字"类型字段只能直接定义输入掩码属性。

中 N is 1

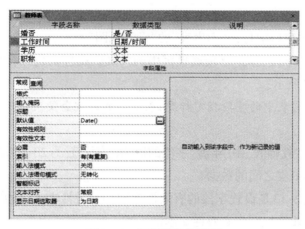

【案例2-8】将"教师表"中"工作时间"字段的默认值设置当前日期。

【案例效果】图2-11是设置字段的默认值。通过本案例的学习可以学会设置字段默认值的操作方法。

图2-11　字段默认值设置

【设计过程】

(1)打开"教学管理"数据库中"教师表"的"设计视图"。

(2)选择"工作时间"字段,单击字段属性区中的"默认值"属性框,在文本框中输入date( ),如图2-11所示。

【提示】"默认值"属性可以减少相同数据的输入,减少工作量。

【案例2-9】将"学生表"中"学号"字段的标题设置为"学生编号"。

【案例效果】图2-12是设置字段的标题。通过本案例的学习可以学会设置字段标题的操作方法。

Access
数据库
技术及
应用
情境
教程

Access
SHUJUKU
JISHUJI
YINGYONG
QINGJING
JIAOCHENG

42

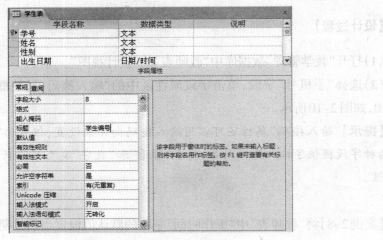

图 2-12　字段标题设置

【设计过程】

(1)在"数据库"窗口中打开"学生表"的"设计视图"。

(2)选择"学号"字段,单击字段属性区中的"标题"属性框,在右侧文本框中输入"学生编号",如图 2-12 所示。

【提示】如果不为表中的字段指定标题,表在打开时就会使用字段本身的名称显示。

【案例 2-10】将"教师表"中"年龄"字段的取值范围设置为 20~60 之间,提示信息设置为"请输入 20 岁至 60 岁之间的数据!"

【案例效果】图 2-13 是设置字段的有效性规则和有效性文本。通过本案例的学习可以学会设置字段有效性规则和有效性文本的操作方法。

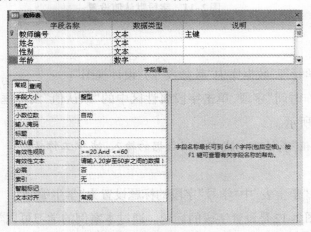

图 2-13　字段的有效性规则与有效性文本设置

【设计过程】

（1）打开"教学管理"数据库中"教师表"的"设计视图"。

（2）选择"年龄"字段，单击字段属性区中的"有效性规则"属性框，在文本框中输入">=20and<=60"；再单击字段属性区中的"有效性文本"属性框，在文本框中输入"请输入20岁至60岁之间的数据！"如图2-13所示。

若输入的年龄小于20或大于60时，Access将弹出一个提示对话框，如图2-14所示。

图2-14 有效性文本提示对话框

【提示】有效性规则实质上是一个限制条件，可以检查错误的输入。如果输入的值不满足要求，则系统拒绝接收此数据。

【案例2-11】为"教师表"创建索引，索引字段为"工作时间"。

【案例效果】图2-15是设置字段的索引。通过本案例的学习可以学会设置单字段索引的操作方法。

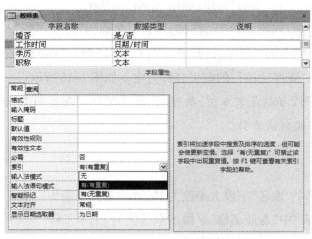

图2-15 设置字段的索引

【设计过程】

（1）打开"教学管理"数据库中"教师表"的"设计视图"。

Access
数据库
技术及
应 用
情 境
教 程

Access
SHUJUKU
JISHUJI
YINGYONG
QINGJING
JIAOCHENG

44

(2)选择"工作时间"字段,单击字段属性区中的"索引"属性框,在右侧下拉式列表框中选择"有(有重复)"选项,如图2-15所示。

(3)关闭"索引"对话框完成设置操作。

【案例2-12】为"教师表"设置"性别"+"年龄"的多字段索引。

【案例效果】图2-16是设置多字段索引。通过本案例的学习可以学会设置多字段索引的操作方法。

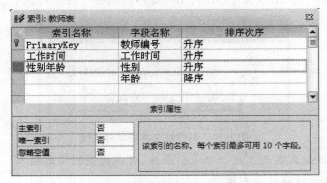

图2-16　多字段索引

【设计过程】

(1)打开"教学管理"数据库中"教师表"的"设计视图"。

(2)单击工具栏上的"索引"按钮,弹出"索引"对话框。

(3)在"索引名称"列第1个空白行,输入索引名称为"性别年龄",在"字段名称"列中选择"性别",在"排序次序"列中选择"升序";在"字段名称"列的下一行选择"年龄",在"排序次序"列选择"降序",该行的索引名称为空。如图2-16所示。

【提示】索引字段可以是文本型、数字型、货币型和日期时间型,但不能为OLE对象型字段和备注型字段创建索引。

【实战演练】

1.将"学生表"中"姓名"字段大小改为10,并设置其不能为空值。

2.设置"学生表"中"专业名称"字段的默认值为"土木工程"。

3.设置"教师表"中"年龄"字段的有效性规则为只允许输入25至60岁之间的数值,并设置其有效性文本为"年龄输入有误,请输入25岁至60岁之间的数!"

4.设置"教师表"中"手机号"字段的输入掩码,要求手机号只允许输入11位数字。

5.设置"教师表"中"工作时间"字段为中日期格式,并设置该字段的标题为"工作年月"。

6. 为"课程表"中"课程名称"字段建立降序索引,索引名为"kcm_index"。

【任务评价】

任务3 建立表间关系

【任务引导】

在 Access 的各种操作中,正确地建立各表之间的关系是操作 Access 的基础。通过建立表间的关系可以将不同表中的相关数据联系起来,同时为建立多表查询、窗体和报表打下良好的基础。

【知识储备】

知识点1 表间关系

Access 中表之间的关系分为一对一、一对多和多对多3种。

知识点2 查看关系

如果要查看在数据库中已经定义好的关系,可以单击"数据库工具"选项卡中"关系"组中"关系"按钮。

知识点3 编辑关系

打开数据库,单击"数据库工具"选项卡中"关系"组的"关系"按钮,出现"关系"窗口,双击要编辑关系的连线,在出现的"编辑关系"对话框中修改即可。关系被选中时,关系连线会由细实线变成粗实线。

知识点4 删除关系

在"关系"窗口中,右击所要删除关系的连线,在弹出的快捷菜单中选择"删除"命令。

知识点5 设置关系的参照完整性

参照完整性是在修改记录时,为维持表之间已定义好的关系而必须遵循的规则。在实施参照完整性后,主表和子表的数据必须遵循下列规则:

(1)当主表中的主键字段值更改时,自动更新子表中对应的值。

Access
数据库
技术及
应　用
情　境
教　程

Access
SHUJUKU
JISHUJI
YINGYONG
QINGJING
JIAOCHENG

46

（2）当主表中删除记录时，子表中的相关记录也一起被删除。

（3）如果主表中没有相关的主键记录时，就不能在子表中插入相关记录。

【工作任务】

【案例2-13】建立"教学管理"数据库中各表之间的关系，并实施"参照完整性规则"。

【案例效果】图2-17是教务管理数据库中表间的关系。通过本案例的学习可以学会建立表间关系的方法，以及表间完整性规则的设置方法。

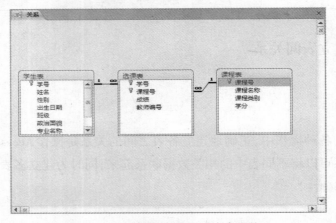

图2-17　"教务管理"数据库中表间关系

【设计过程】

（1）打开"教学管理"数据库，在"数据库工具"选项卡的"关系"组中选择"关系"按钮，出现关系对话框，然后单击"显示表"按钮，弹出"显示表"对话框，如图2-18所示。

图2-18　"显示表"对话框

（2）分别双击"学生表"和"选课表"，将这两张表添加到"关系"窗口中。用鼠标将"学生表"中的"学号"拖到"选课表"的"学号"字段后放开鼠标，打开如图2-19所示对话框。

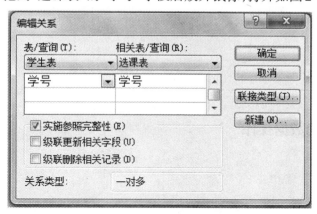

图2-19　"编辑关系"对话框

（3）单击"实施参照完整性"复选框，然后单击"创建"按钮，完成表关系的创建。建好的表间关系如图2-20所示。

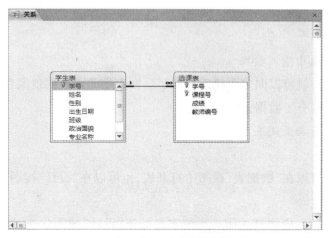

图2-20　"学生表"和"选课表"的关系

用同样的方法将"课程表"添加到关系窗口中，建立表间关系。建好后的表间关系如图2-17所示。

【提示】在Access中，表间的关系类型大多数为"一对多"，若为"未定"，则建议先设置主键后再设置关系。通常，主表一方是"一"，而子表一方是"多"。

【实战演练】

为教学管理系统中的"学生表"、"教师表"、"课程表"、"选课表"4张表建立表间关系，并实施参照完整性规则。

Access
数据库
技术及
应 用
情 境
教 程

Access
SHUJUKU
JISHUJI
YINGYONG
QINGJING
JIAOCHENG

48

【任务评价】

任务4　表的数据操作

【任务引导】

数据表在创建好后,需要在表中输入相关数据,而且随着使用条件及系统需求的变化,有时需要对表中的数据进行添加、定位、修改、删除、复制、查找、替换、外部数据获取等各种操作。

【知识储备】

知识点1　向表中输入数据

在表建好以后,就可以向表中输入数据了。在表中输入数据就像在空白表格内填写数字一样,表中只有有了数据,才能使用表。

知识点2　打开与关闭表

1. 打开表

在Access中,可以在"数据表"视图中打开表,也可以在"设计"视图中打开表。

2. 关闭表

表的操作结束后,应将其关闭。无论表是处于"设计"视图状态,还是处于"数据表"视图状态,单击"文件"菜单中的"关闭"命令或单击窗口的"关闭窗口"按钮都可以将打开的表关闭。在关闭表时,如果对表的结构或布局进行过修改,会显示一个提示框,询问用户是否保存所做的修改,如图2-21所示。

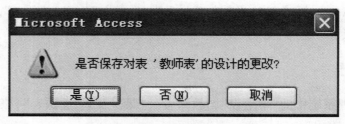

图2-21　提示框

单击"是"按钮保存所做的修改;单击"否"按钮放弃所做的修改;单击"取消"按钮则取消关闭操作。

知识点3 记录操作

1. 定位记录

数据表中有了数据以后,修改是经常要做的操作,其中定位记录和选择记录是首要任务。常用的定位记录方法有三种:一是使用鼠标直接定位,二是使用记录导航器定位,三是使用快捷键定位。其中快捷键定位表中记录的方法如表2.7所示。

表2.7 快捷键及定位功能

快捷键	定位功能
Tab、回车、右箭头	下一字段
Shift+Tab、左箭头	上一字段
Home	当前记录中的第一个字段
End	当前记录中的最后一个字段
Ctrl+上箭头	第一个记录中的当前字段
Ctrl+Home	第一个记录中的第一个字段
Ctrl+End	最后一个记录中的最后一个字段
上箭头	上一个记录中的当前字段
下箭头	下一个记录中的当前字段
PgDn	下移一屏
PgUp	上移一屏
Ctrl+PgDn	左移一屏
Ctrl+PgUp	右移一屏

2. 添加记录

在表中经常需要添加一些新记录,添加新记录时,使用"数据表"视图打开要编辑的表,可以将光标直接移动到表的最后一行,直接输入要添加的数据;或单击工具栏上的"添加新记录"按钮来添加新记录。

3. 删除记录

操作表时,遇到不需要的记录,可以选择将其删除。在"数据表"视图中,选择要删除的记录,单击工具栏上的"删除记录"按钮删除记录;或单击鼠标右键删除记录。

4. 修改记录

修改记录方法非常简单,将光标移动到要修改数据的相应字段修改即可。修改时,可以修改整个字段的值,也可以修改字段的部分数据。

5. 复制记录

在输入数据或编辑数据时,有些数据可能相同或相似,这时可以使用复制和粘贴操

Access
数据库
技术及
应　用
情　境
教　程

Access
SHUJUKU
JISHUJI
YINGYONG
QINGJING
JIAOCHENG

50

作将某字段中的部分或全部数据复制到另一个字段中。在"数据表"视图中,选择要复制的数据,单击右键快捷菜单中的"复制"命令,然后将光标定位到新的粘贴位置,单击右键快捷菜单中的"粘贴"命令即可。

知识点4　查找和替换数据

1. 查找数据

在操作数据表时,如果表中存放的数据非常多,那么当希望尽快找到某一数据时,可以通过查找功能,快速找到所需的数据。在"数据表"视图中,将插入点定位到要查找数据的字段列任意位置,单击工具栏上的"查找"按钮,输入查找内容进行查找。

查找过程中,在只知道部分内容的情况下,可以使用通配符进行查找。查找数据过程中所使用的通配符如表2.8所示。

表2.8　通配符的用法

字　符	用　　法	示　　例
*	匹配任何多个字符	wh*可以找到white和why,但找不到wash和without
?	匹配任何一个字符	b?ll可以找到ball和bill,但找不到blle和beall
[]	匹配方括号内任何一个字符	b[ae]ll可以找到ball和bell,但找不到bill
!	匹配任何不在括号内的字符	b[!ae]ll可以找到bill和bull,但找不到bell和ball
—	匹配范围内的任何一个字符,必须以递增排序顺序来指定区域(A～Z,而不是Z～A)	b[a−c]d可以找到bad、bbd和bcd,但找不到bdd
#	匹配任意单个数字字符	1#3可以找到103、113、123等

如果要搜索的内容本身包括字符星号(*)、问号(?)、井号(#)、左方括号([)或连字符(—)时,必须将搜索的符号放在方括号内。但如果搜索惊叹号(!)或右方括号(]),则不需将其放在方括号内。

2. 替换数据

在操作数据表时,如果要修改多处相同的数据,可以使用Access的替换功能,自动将查找到的数据替换为新的内容。在"数据表"视图中,将插入点定位到要替换数据的字段列任意位置,单击工具栏上的"查找"按钮,选择替换选项卡,在"查找内容"中输入查找数据,然后再"替换为"中输入新数据,单击"替换"或"全部替换"完成替换数据操作。

知识点5　获取外部数据

获取外部数据是指从外部获取数据后形成自己数据库中的数据表对象。例如将Excel、Foxpro、SQL Server等数据源中的数据获取到Access数据库中。利用Access提供的导入和链接功能可以将这些外部数据直接添加到当前的Access数据库中。

1. 导入表

导入表是指从外部获取数据后形成自己数据库中的数据表对象，并与外部数据源断绝连接。这意味着当导入操作完成后，即使外部数据源的数据发生变化，也不会影响已经导入的数据。在 Access 中，可以导入的表类型包括 Access 数据库中的表、Excel、Lotus 和 DBASE 等应用程序创建的表，以及 HTML 文档等。

2. 链接表

链接表是指在自己的数据库中形成一个链接表对象，每次在 Access 数据库中操作数据时，都是即时从外部数据源获取数据。这意味着链接的数据并未与外部数据源断绝连接，外部数据源对数据所做的任何改动也都会通过该链接对象直接反映到 Access 数据库中。

【工作任务】

【案例2-14】将表2.9所示的内容输入到"学生表"中。

【案例效果】图2-22是输入数据的"学生表"。通过本案例的学习可以学会在表中输入数据的方法。

图2-22　输入数据后的"学生表"

【设计过程】

表2.9　学生表数据

学生编号	姓名	性别	出生日期	班级	政治面貌	专业名称	电子邮件
20100001	丁鹏	男	1991-8-26	10土木1	团员	土木工程	dppeng@163.com

Access
数据库
技术及
应用
情境
教程

Access
SHUJUKU
JISHUJI
YINGYONG
QINGJING
JIAOCHENG

52

学生编号	姓名	性别	出生日期	班级	政治面貌	专业名称	电子邮件
20100002	李丽珍	女	1992-2-27	10会计电算化	团员	会计电算化	llzhen@126.com
20100003	吴芳芳	女	1992-3-13	10土木2	党员	土木工程	wufa@sina.com
20100004	马辉	男	1991-9-9	10电子	群众	电子工程	mahui@qq.com
20100005	张子俊	男	1992-8-18	10电子商务	群众	电子商务方向	zzjun@shou.com
20100006	赵霞	女	1992-12-20	10商务英语	团员	商务英语	zhaoxia@qq.com
20100007	姚夏明	男	1991-10-10	10电子商务	群众	电子商务方向	yaoming@163.com
20100008	李晓光	男	1992-2-2	10土木1	团员	土木工程	lixiaogu@163.com
20100009	卢玉婷	女	1992-1-30	10电子	党员	电子工程	luyuting@qq.com
20100010	王莎莎	女	1992-12-26	10商务英语	群众	商务英语	shashawang@126.com
20100011	李波	男	1992-6-25	10土木2	群众	土木工程	libo@sina.com
20100012	姚俊	女	1991-3-18	10电子商务	党员	电子商务方向	yaojun@sohu.com
20100013	周夏美	女	1992-8-9	10商务英语	群众	商务英语	zmxia@126.com
20100014	段文广	男	1991-5-5	10会计电算化	群众	会计电算化	duanwguan@qq.com
20100015	马一鸣	男	1992-10-10	10电子	党员	电子工程	mayimin@sina.com
20100016	马柯	男	1992-2-28	10会计电算化	群众	会计电算化	make@163.com
20100017	张鹏	男	1992-3-19	10土木1	团员	土木工程	zhangpeng@126.com
20100018	田秀丽	女	1991-12-21	10电子商务	党员	电子商务方向	tianxli@sina.com
20100019	王英	女	1992-1-10	10土木2	党员	土木工程	wangying@163.com
20100020	袁杨	女	1991-12-30	10商务英语	群众	商务英语	yuanyang@sohu.com

（1）用"数据表视图"打开"学生表"，如图2-23所示。

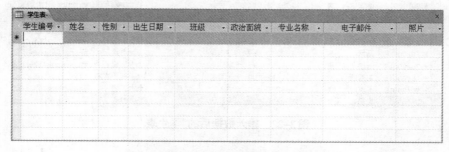

图2-23 "学生表"数据表视图

（2）从第一条空记录的第一个字段开始分别输入"学生编号"、"姓名"和"性别"等字段的值，每输完一个字段值按Enter键或按Tab键转至下一个字段。

（3）输入"照片"时，将鼠标指针指向该记录的"照片"字段列，单击鼠标右键，打开快捷菜单，如图2-24所示。

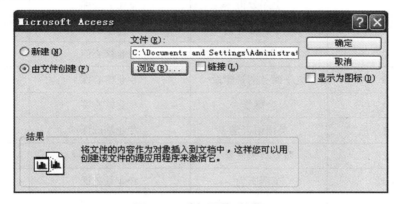

图2-24 插入"照片"字段快捷菜单

（4）选择"插入对象"命令，打开"Microsoft Office Access"对话框。在该对话框中单击"由文件创建"单选按钮，单击"浏览"按钮，打开"浏览"对话框。在该对话框中选择所需的图片文件，然后单击"确定"按钮。如图2-25所示。

图2-25 选择图片对话框

（5）按照以上步骤，输入学生表中其他记录。

按照同样的方法将表2.10（课程表）、表2.11（选课表）、表2.12（教师表）的记录分别输入已经建好的这三张表中。

表2.10 课程表数据

课程号	课程名称	课程类别	学　分
A001	土木建筑学	专业核心课	6
A002	桥梁设计导论	专业基础课	4
A003	结构力学	专业核心课	6
B001	大学英语	公共基础课	4
B002	大学语文	公共基础课	4
B003	思想道德修养	公共基础课	4

Access
数据库
技术及
应 用
情 境
教 程

Access
SHUJUKU
JISHUJI
YINGYONG
QINGJING
JIAOCHENG

54

课程号	课程名称	课程类别	学 分
B004	体育	公共基础课	2
C001	会计学基础	专业基础课	4
C002	财务管理	专业核心课	6
C003	会计电算化	专业基础课	6
C004	财经法规	专业基础课	4
D001	数字电路	专业基础课	4
D002	模拟电路	专业核心课	6
D003	电工技术	专业核心课	6
D004	电路分析	专业核心课	6
E001	电子商务导论	专业基础课	4
E002	数据库应用	专业核心课	6
E003	电子商务网站建设	专业核心课	6
E004	金融学	专业核心课	6
F001	英语语言学	专业基础课	4
F002	西方英语文学	专业核心课	6
F003	英语听力	专业基础课	4
F004	英语写作	专业基础课	4
G001	就业与创业	选修课	2
G002	投资方法导论	选修课	2
G003	公关礼仪	选修课	2
G004	艺术鉴赏	选修课	2

表2.11　选课表数据

学 号	课程号	成 绩	教师编号
20100001	A001	86	620003
20100001	A002	70	620005
20100001	A003	52	620012
20100001	B001	83	620017
20100002	B001	93	620017
20100002	C001	60	620001
20100002	C002	82	620006

学　号	课程号	成　绩	教师编号
20100002	C003	55	620009
20100003	A001	95	620003
20100003	A002	98	620005
20100003	A003	92	620012
20100003	B002	80	620022
20100004	B003	90	620018
20100004	D001	77	620007
20100004	D002	50	620008
20100004	D003	90	620011
20100005	B002	88	620022
20100005	E001	76	620002
20100005	E002	94	620004
20100005	G001	91	620020
20100006	B002	90	620022
20100006	F001	67	620025
20100006	F002	50	620025
20100006	G002	95	620014
20100007	B002	90	620022
20100007	E001	64	620002
20100007	E002	52	620004
20100007	G002	94	620014
20100008	A001	78	620003
20100008	A002	86	620005
20100008	B001	93	620017
20100008	G001	91	620020
20100009	B001	98	620017
20100009	D001	88	620007
20100009	D002	64	620008
20100009	D003	78	620011
20100010	F001	84	620025
20100010	F002	55	620025
20100010	G001	90	620020
20100010	G002	87	620014

表2.12　教师表数据

教师编号	姓名	性别	年龄	婚否	工作时间	学历	职称	系别	手机号
620001	王春雯	女	35	Yes	1999-7-1	硕士	讲师	经济管理系	13893285682
620002	具雪梅	女	50	Yes	1983-9-1	大学本科	教授	信息工程系	13396865241

Access
数据库
技术及
应 用
情 境
教 程

Access
SHUJUKU
JISHUJI
YINGYONG
QINGJING
JIAOCHENG

56

教师编号	姓名	性别	年龄	婚否	工作时间	学历	职称	系别	手机号
620003	李柏年	男	26	No	2008-9-1	硕士	助教	土木工程系	15117896524
620004	武胜全	男	41	Yes	1993-8-1	大学本科	副教授	信息工程系	18893166788
620005	马子民	男	48	Yes	1986-8-1	大学本科	高级实验师	土木工程系	15386214560
620006	包小敏	女	33	Yes	2001-9-1	硕士	讲师	经济管理系	18919932568
620007	安朝霞	女	40	Yes	1994-9-1	大学本科	副教授	电子工程系	13698563255
620008	蔡路明	男	28	No	2005-9-1	硕士	讲师	电子工程系	13893351521
620009	魏晓娟	女	46	Yes	1988-7-1	大学本科	副教授	经济管理系	13221014583
620010	张婷	女	30	Yes	2005-9-1	博士	副教授	信息工程系	13302013657
620011	王佳	女	36	Yes	1998-8-1	大学本科	高级实验师	电子工程系	15085446210
620012	欧阳天明	男	33	Yes	2002-7-1	硕士	副教授	土木工程系	18693186329
620013	张万年	男	56	Yes	1978-6-1	大学本科	教授	经济管理系	18296878525
620014	段翠涵	女	32	Yes	2002-9-1	大学本科	讲师	经济管理系	13088987825
620015	丁严君	女	37	Yes	1997-8-1	硕士	副教授	信息工程系	13519856320
620016	倪君昌	男	45	Yes	1989-9-1	大学本科	高级实验师	电子工程系	18875259852
620017	李娟	女	26	No	2008-9-1	硕士	助教	基础部	18278952560
620018	李刚军	男	51	Yes	1982-8-1	大学本科	教授	基础部	13320203561
620019	周书明	男	34	Yes	2000-8-1	博士	副教授	电子工程系	18919985652
620020	白雪梅	女	26	No	2009-9-1	硕士	助教	基础部	13793285630
620021	雷小海	男	58	Yes	1975-6-1	大学本科	教授	土木工程系	13519997854

教师编号	姓名	性别	年龄	婚否	工作时间	学历	职称	系别	手机号
620022	温玉琴	女	31	Yes	2003-9-1	大学本科	讲师	基础部	18896368547
620023	孙力	男	36	Yes	1998-8-1	硕士	副教授	经济管理系	13669963691
620024	邵若强	女	35	Yes	1999-9-1	博士	副教授	基础部	18786856524
620025	王国庆	男	27	No	2007-9-1	博士	讲师	基础部	18893656584

【案例2-15】在"数据表"视图中打开与关闭学生表。

【案例效果】图2-22是数据表视图下打开的"学生表"。通过本案例的学习可以学会打开和关闭数据表的方法。

【设计过程】

(1)用"数据表视图"打开"教师表"。

(2)单击窗口的"关闭窗口"按钮可以将打开的表关闭。

【案例2-16】在"教师表"中查找系别字段中含有"工程"字样的所有教师情况。

【案例效果】图2-26是在"教师表"中查找系别字段中含有"工程"字样教师信息的结果。通过本案例的学习可以学会查找数据的方法。

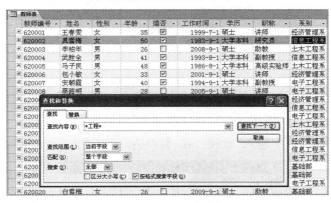

图2-26　查找结果

【设计过程】

(1)用"数据表视图"打开"教师表",单击"系别"字段列的任意位置,单击"开始"选项

Access
数据库
技术及
应用
情境
教程

Access
SHUJUKU
JISHUJI
YINGYONG
QINGJING
JIAOCHENG

58

卡的"查找"组中的"查找"按钮,打开"查找和替换"对话框。

（2）在"查找内容"框中输入"*工程*",如图2-27所示。

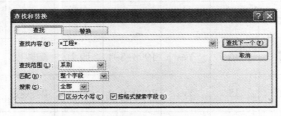

图2-27　查找对话框

（3）单击"查找下一个"按钮,这时将查找下一个指定的内容,Access将反向显示找到的数据。继续点击"查找下一个"按钮,可以将全部指定的内容查找出来。

（4）单击"取消"按钮结束查找过程。

【案例2-17】将"教师表"中所有职称为"教授"的教师职称改为"研究员"。

【案例效果】图2-28是将"教师表"中所有职称为"教授"的教师职称替换为"研究员"后的结果。通过本案例的学习可以学会替换数据的方法。

图2-28　替换结果

【设计过程】

（1）用"数据表视图"打开"教师表",单击"职称"字段列的任意位置,单击"开始"选项卡的"查找"组中的"查找"按钮,打开"查找和替换"对话框。

（2）在"查找内容"框中输入"教授",在"替换为"框中输入"研究员",如图2-29所示。

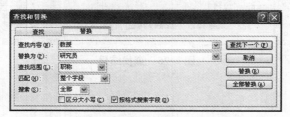

图2-29　查找和替换对话框

【案例2-18】将"我的文档"中的Excel文件"教师工资表.xls"导入"教学管理"数据库中。

【案例效果】图2-30是将"教师工资表.xls"导入"教务管理"数据库中的结果。通过本案例的学习可以学会从外部导入数据的方法。

图2-30　导入"教务管理"数据库中的"教师工资表"

【设计过程】

(1)打开"教学管理"数据库,单击"外部数据"选项卡中的Excel图标,打开获取外部数据对话框,如图2-31所示。

图2-31　选择数据源

(2)在"查找范围"框中找到导入文件的位置,在列表中选择"教师工资表.xls"文件,如图2-32所示。

图2-32　"导入"对话框

Access
数据库
技术及
应 用
情 境
教 程

Access
SHUJUKU
JISHUJI
YINGYONG
QINGJING
JIAOCHENG

60

(3)单击"确定"按钮,打开如图2-33所示的对话框。

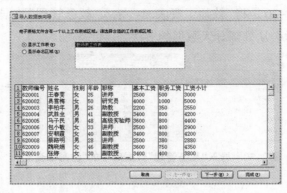

图2-33 选择工作表

(4)单击"下一步"按钮,打开如图2-34所示的对话框,如果工作表中第一行包含列标题,选中"第一行包含列标题"复选框,若不包含,则不选。

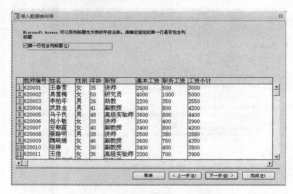

图2-34 第一行包含列标题

(5)单击"下一步"按钮,打开"字段选项"对话框为字段设置字段名和索引,如图2-35所示。

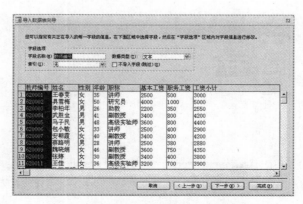

图2-35 字段选项

（6）单击"下一步"按钮，打开如图2-36所示"选择主键"对话框，通常选择"我自己设置主键"进行主键设置。

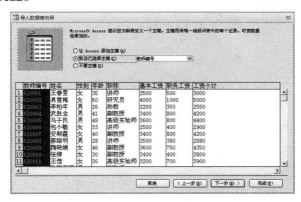

图2-36　设置主键

（7）单击"下一步"按钮，打开如图2-37所示"导入到表"对话框，可修改表名，单击"完成"按钮，完成导入表的操作。

图2-37　导入到表

链接表和导入表操作步骤基本相同，同样是在向导的引导下完成的，请学生自己操作，这里不再重复。

【实战演练】

1. 将表2.9至2.12的数据分别输入"学生表"，"教师表"，"课程表"和"授课信息表"中。

2. 打开"学生表"，利用记录导航器和快捷键定位两种方法，将记录分别定位到5、6、13条记录上。

3. 为"学生表"中的第1条记录的"照片"字段插入任意图片。

4. 在"教师表"中查找所有姓"王"的教师的记录。

Access
数据库
技术及
应　用
情　境
教　程

Access
SHUJUKU
JISHUJI
YINGYONG
QINGJING
JIAOCHENG

62

5. 将"教师表"中所有学历为"大学本科"的学历均改为"本科"。

6. 将 Excel 文件"通讯录.xls"分别导入和链接到"教学管理"数据库中，导入表的名称为"通讯录_导入"和"通讯录_链接"。

【任务评价】

任务 5　维护表

【任务引导】

数据表在创建好后，可能由于种种原因，需要对表结构进行修改，以满足实际需求。因此要对表进行字段添加、修改、删除、重新定义主键以及调整表的外观样式等各种操作。

【知识储备】

知识点 1　修改表的结构

修改表的结构包括添加字段、删除字段、修改字段、重新设置主键等操作。

1. 添加字段

在表中添加一个新字段不会影响其他字段和现有数据。可以使用两种方法添加字段。第一种是用表"设计"视图打开需要添加字段的表，然后将光标移动到要插入新字段的位置，单击工具栏上的"插入行"按钮，在新行的"字段名称"列中输入新的字段名称，确定新字段数据类型。第二种是用"数据表"视图打开需要添加字段的表，然后选择"单击以添加"下拉列表选择"数据类型"，再双击新列中的字段名"字段1"，为该列输入唯一的名称。

2. 删除字段

与添加字段相似，删除字段也有两种方法。第一种是在表"设计"视图中选择要删除的一个字段或多个连续的字段后，单击"工具"组中的"删除行"按钮。注意，如果选择删除多个连续的字段时，需按下 Ctrl 键不放。第二种是用"数据表"视图打开需要删除字段的表，选中要删除的字段列，然后单击右键选择"删除字段"命令。

3. 修改字段

修改字段包括修改字段的名称、数据类型、说明、属性等。具体方法是打开表"设计"视图,如果需要修改某字段名称,在该字段的"字段名称"列中,单击鼠标左键,然后修改字段名称;如果修改某字段数据类型,单击该字段"数据类型"列右侧向下箭头按钮,然后从打开的下拉列表中选择需要的数据类型。

4. 重新设置主键

如果已定义的主键不合适,可以重新定义。重新定义主键要先删除已定义的主键,然后再定义新的主键。具体方法是打开表"设计"视图,单击主键所在行字段选定器,然后单击"工具"组中的"主键"按钮,取消以前设置的主键,再单击要设置为主键的字段选定器,单击"工具"组中的"主键"按钮即可重新定义主键。

知识点2 调整表的外观

1. 设置字体

通过改变数据表中的字体、字形和字号,可以使数据的显示更加美观清楚。设置字体可以通过在数据表视图中的"开始"选项卡中的"文本格式"选项中操作,如图2-38所示。

图2-38 "文本格式"选项

2. 设置数据表的格式

在数据表视图中,水平方向和垂直方向都显示有网格线。用户可以改变单元格的显示效果,也可以设置网格线的显示方式和颜色、表格的背景颜色、边框和线条样式等。

设置格式也可以在数据表视图中"开始"选项卡中的"文本格式"选项中操作,如图2-38所示。

3. 调整行高和字段宽度

在数据表视图中,有时由于数据长度过长或字号过大,导致数据不能完整地显示出来,这时可以通过调整行高和字段宽度来显示字段中的全部数据。调整数据表行高和字段宽度可以用鼠标操作,也可以用菜单命令。

(1)调整行高

方法1:用鼠标调整。在数据表视图中,将鼠标指向表中任意两行的记录选择区之间,鼠标指针变为上下箭头方式时,按住鼠标左键不放,拖动指针上下移动,当调整到所需的高度时,松开鼠标左键即可。

Access
数据库
技术及
应 用
情 境
教 程

Access
SHUJUKU
JISHUJI
YINGYONG
QINGJING
JIAOCHENG

64

方法2:用菜单命令。在数据表视图中,单击数据表的任意单元格,执行"开始"选项卡的"记录"选项中的"其他"命令,打开"行高"对话框,如图2-39所示;在文本框中输入所需行高值,完成行高设置。

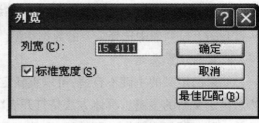

图2-39 "行高"对话框   图2-40 "列宽"对话框

(1)调整字段宽度

方法1:用鼠标调整。在数据表视图中,将鼠标指向要调整列的字段选择区右边,鼠标指针变为左右箭头方式时,按住鼠标左键不放,拖动指针左右移动,当调整到所需的宽度时,松开鼠标左键即可。

方法2:用菜单命令。在数据表视图中,选择要改变宽度的字段列,执行"开始"选项卡"记录"选项的"其他"命令,打开"字段宽度"对话框,如图2-40所示;在文本框中输入所需字段宽度值,完成字段宽度设置。

在"字段宽度"对话框中单击"最佳匹配"按钮后,原来设置的字段宽度无效,系统将自动设置一个最合适的字段宽度。

4.隐藏/显示字段

在数据表视图中,有时为了查看表中的主要数据,可以把某些字段列暂时隐藏起来,需要时再将其显示出来。设置隐藏/显示字段可以通过在数据表视图中执行"开始"选项卡"记录"选项中的"其他"命令的"隐藏字段"或"取消隐藏字段"命令来完成,如图2-41所示。

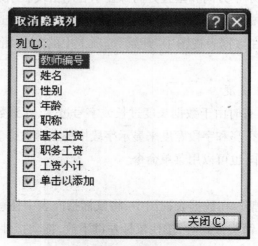

图2-41 "取消隐藏列"对话框

5. 冻结字段

在浏览字段比较多的数据表时,由于表过宽,通过水平滚动条移动数据表视图时,可能会使一些重要的字段移出屏幕而看不见,影响了数据的查看,解决这一问题的最好方法就是使用Access数据表提供的冻结字段功能。设置冻结字段/取消冻结所有字段可以通过在数据表视图中执行"开始"选项卡"记录"选项中的"其他"命令的"冻结字段"或"取消冻结所有字段"命令来完成。

6. 改变字段的显示顺序

在默认情况下,Access数据表中字段的显示顺序与其在表或查询中创建的次序相同。但是,在使用"数据表"视图时,往往需要移动某些列来满足查看数据的要求。此时,可以改变字段的显示次序。改变字段显示顺序的方法是:将鼠标指针定位在某一字段名上,鼠标指针变成一个粗体黑色下箭头,按住鼠标左键,将该字段拖到目标位置,释放左键即可。

【工作任务】

【案例2-19】将"学生表"中的"出生日期"字段改为"出生年月",并在"学生表"中添加一个"系别"字段。

【案例效果】图2-42是在"学生表"中修改字段和添加新字段后的结果。通过本案例的学习可以学会修改表结构的方法。

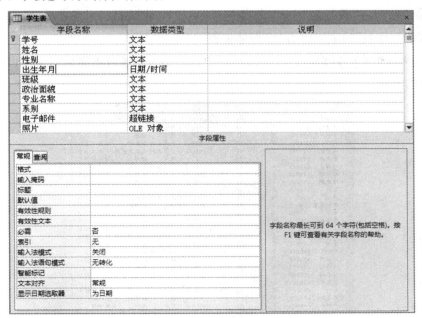

图2-42　修改后的"学生表"结构

Access
数据库
技术及
应用
情境
教程

Access
SHUJUKU
JISHUJI
YINGYONG
QINGJING
JIAOCHENG

66

【设计过程】

(1)打开"教学管理"数据库中"学生表"的设计视图。如图2-43所示。

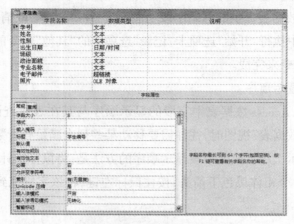

图2-43 "学生表"结构

(2)将鼠标指向"出生日期"字段名,将其改为"出生年月"。

(3)单击"电子邮件"字段名,然后单击鼠标右键,打开快捷菜单,选择"插入行"命令,在"电子邮件"字段上方出现一个空白行,在字段名称中输入"系别",在数据类型中选择"文本",最后单击"保存"按钮,完成表结构修改。如图2-42所示。

【案例2-20】将"教师表"中的"教师编号"字段放到"姓名"字段之后,隐藏"手机号"字段,并将"教师表"的字体改为"12楷体加粗"。

【案例效果】图2-44是调整"教师表"外观后的结果。通过本案例的学习可以学会调整表外观的方法。

图2-44 调整后的"教师表"外观

【设计过程】

(1)用“数据表视图”打开“教师表”。如图2-45所示。

教师表

教师编号	姓名	性别	年龄	婚否	工作时间	学历	职称	系别	手机号
620001	王春雯	女	35	☑	1999-7-1	硕士	讲师	经济管理系	13893285682
620002	具雪梅	女	50	☑	1983-9-1	大学本科	研究员	信息工程系	13396865241
620003	李柏年	男	26	☐	2008-9-1	硕士	助教	土木工程系	15117896524
620004	武胜全	男	41	☑	1993-8-1	大学本科	副教授	信息工程系	18893166788
620005	马子民	男	48	☑	1986-8-1	大学本科	高级实验师	土木工程系	15386214560
620006	包小敏	女	33	☑	2001-9-1	硕士	讲师	经济管理系	18919932568
620007	安朝霞	女	40	☑	1994-9-1	大学本科	副教授	电子工程系	13698563255
620008	蔡路明	男	28	☐	2005-9-1	硕士	讲师	电子工程系	13893351521
620009	魏晓娟	女	46	☑	1988-7-1	大学本科	副教授	经济管理系	13221014583
620010	张婷	女	30	☑	2005-9-1	博士	副教授	信息工程系	13302013657
620011	王佳	女	36	☑	1998-8-1	大学本科	高级实验师	电子工程系	15085446210
620012	欧阳天明	男	33	☑	2002-7-1	硕士	副教授	土木工程系	18693186329
620013	张万年	男	56	☑	1978-6-1	大学本科	研究员	经济管理系	18296878525
620014	段翠涵	女	32	☑	2002-9-1	大学本科	讲师	经济管理系	13088987825
620015	丁严君	女	37	☑	1997-8-1	硕士	副教授	信息工程系	13519856320
620016	倪君昌	男	45	☑	1989-9-1	大学本科	高级实验师	电子工程系	18875259852
620017	李娟	女	26	☐	2008-9-1	硕士	助教	基础部	18278952560
620018	李刚军	男	51	☑	1982-8-1	大学本科	研究员	基础部	13320203561
620019	周书明	男	34	☑	2000-8-1	博士	副教授	电子工程系	18919985652
620020	白雪梅	女	26	☐	2009-9-1	硕士	助教	基础部	13793285630
620021	雷小海	男	58	☑	1975-6-1	大学本科	研究员	土木工程系	13519997854
620022	温玉琴	女	31	☑	2003-9-1	大学本科	讲师	基础部	18896368547
620023	孙力	男	36	☑	1998-8-1	硕士	副教授	经济管理系	13669963691
620024	邵若强	女	35	☑	1999-9-1	博士	副教授	基础部	18786856524
620025	王国庆	男	27	☐	2007-9-1	博士	讲师	基础部	18893656584
*			0		2013-5-8				

记录: 第1项(共25项) 搜索

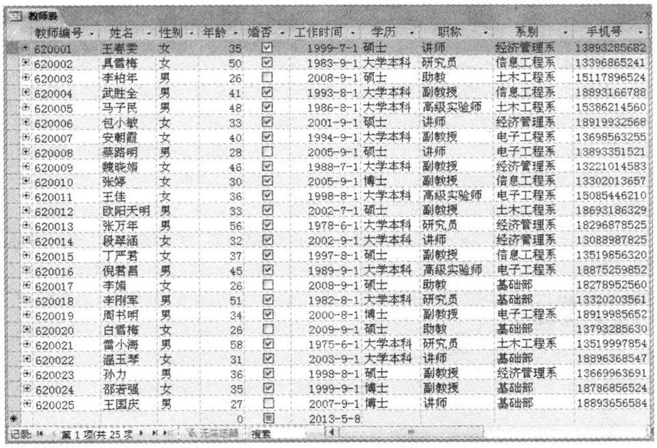

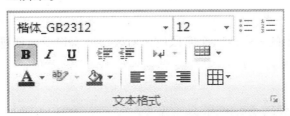

图2-45　打开“教师表”

(2)将鼠标放在“教师编号”字段上,按住鼠标左键将其拖动到“姓名”字段列后,松开鼠标左键即可。

(3)单击“手机号”字段列,在“开始”菜单“记录”选项中的“其他”命令选择“隐藏字段”命令。

(4)在“开始”选项卡下的“文本格式”选择“字体”为“楷体_GB2312”,字形为“粗体”,字号为“12”,如图2-46所示。

图2-46　设置“教师表”字体

【实战演练】

1. 在“学生表”中添加“简历”字段,并设置其字段类型为“备注型”。

2. 将“选课表”中数据的字体设置为“14新宋体”,并设置背景色为“银白”。

3. 隐藏“教师表”中“手机号”字段,设置“工作时间”字段为最佳匹配,冻结“教师编号”字段。

4. 将“学生表”中记录的行高设置为“15”,并将“姓名”、“性别”两个字段的列宽设置为“8”。

Access
数据库
技术及
应　用
情　境
教　程

Access
SHUJUKU
JISHUJI
YINGYONG
QINGJING
JIAOCHENG

68

【任务评价】

任务6　使用表中数据

【任务引导】

一般情况下,在向表中输入数据时,人们不会有意安排输入数据时的先后顺序,而是只考虑输入的方便性,按照数据到来的先后顺序输入。但若要从这些杂乱的数据中查找需要的数据就比较困难。为了提高查找的效率,需要重新整理数据,对此最有效的方法是对数据进行排序和筛选。

【知识储备】

知识点1　排序记录

排序是根据表中的一个或多个字段的值对表中所有记录重新排列。排序有升序和降序两种方式。

1. 排序规则

在 Access 中,不同的字段类型,排序规则有所不同,具体规则如下:

(1)英文按字母顺序排序,升序时按 A 到 Z 排列,降序时按 Z 到 A 排列。

(2)中文按拼音字母的顺序排序,升序时按 A 到 Z 排列,降序时按 Z 到 A 排列。

(3)数字按数字大小排序,升序时从小到大排列,降序时从大到小排列。

(4)日期和时间字段,按日期的先后顺序排序,升序时按从前向后的顺序排列,降序时按从后向前的顺序排列。

(5)数据类型为备注、超级链接或 OLE 对象的字段不能参与排序。

2. 简单排序

简单排序就是基于一个或多个相邻字段进行排序。简单排序可以分为单字段排序和多字段排序两种。

（1）单字段排序。排序依据为一个字段。在数据表视图中，将光标定位在排序字段的任意位置，单击"开始"选项卡中的"排序与筛选"组中的"升序"或"降序"按钮，即可完成排序工作。

（2）多字段排序。排序依据为多个相邻字段。在多字段排序时，左侧的字段将优先排序，只有左侧的字段值相同时，才会按右侧的字段值进行排序。多字段排序的操作方法与一个字段相似，只是需要先选择多个相邻字段，再单击"开始"选项卡中的"排序与筛选"组中的"升序"和"降序"按钮，完成排序工作。

3. 高级排序

高级排序可以对多个不相邻的字段排序，并且各个字段可以采用不同的排序方式。

知识点2　筛选记录

筛选的作用是从数据表中将满足条件的记录查找并显示出来。筛选时用户必须设定筛选条件，然后Access执行筛选并显示符合条件的记录。Access提供了4种筛选记录的方法。

（1）按选定内容筛选。按选定内容筛选是指选择表中的字段值，然后在表中查找出包含该值的记录。这种筛选方法是筛选中最简单最快速的方法。

（2）按窗体筛选。按窗体筛选记录时，Access将数据表变成一个记录，并且每个字段是一个下拉列表，用户可以从每个下拉列表中选取一个值作为筛选的内容。

（3）使用筛选器筛选。按筛选目标筛选是在"筛选目标"框中输入筛选条件后Access按指定条件筛选。

（4）高级筛选。高级筛选可以进行复杂条件的筛选，不仅可以进行记录筛选，而且可以对筛选结果进行排序，其功能比前几种筛选更强大。

（5）清除筛选。在完成筛选后，经常需要将筛选取消，恢复到筛选前的状态以便查看整张表中的数据。取消筛选操作可以执行"开始"选项卡中"排序和筛选"组中的"高级"按钮，从弹出的下拉菜单中选择"清除所有筛选器"命令。

【工作任务】

【案例2-21】在"教师表"中按"年龄"字段升序排列。

【案例效果】图2-47是"教师表"按"年龄"升序排序后的结果。通过本案例的学习，可以学会单字段排序的方法。

Access
数据库
技术及
应 用
情 境
教 程

Access
SHUJUKU
JISHUJI
YINGYONG
QINGJING
JIAOCHENG

70

图 2-47 按"年龄"字段升序排列

【设计过程】

(1)用"数据表视图"打开"教师表"。

(2)单击"年龄"字段列,然后单击"开始"选项卡中的"排序和筛选"组中的"升序"按钮即可。排序结果如图2-47所示。

【案例2-22】在"教师表"中按"性别"和"年龄"两个字段降序排列。

【案例效果】图2-48是"教师表"按"性别"和"年龄"字段降序排序后的结果。通过本案例的学习,可以学会相邻多字段排序的方法。

图 2-48 按"性别"和"年龄"字段降序排列

【设计过程】

(1)用"数据表视图"打开"教师表"。

(2)单击"性别"字段列,然后按住 Shift 键,再单击"年龄"字段列,然后单击"排序和筛选"组中的"降序"按钮即可。排序结果如图 2-48 所示。

【案例 2-23】在"教师表"中筛选出职称为"讲师"的教师。

【案例效果】图 2-49 是"教师表"中按内容筛选出职称为"讲师"的教师的结果。通过本案例的学习,可以学会按选定内容筛选记录的方法。

教师表									
教师编号	姓名	性别	年龄	婚否	工作时间	学历	职称	系别	手机号
620001	王春雯	女	35	☑	1999/7/1	硕士	讲师	经济管理系	13893285682
620006	包小敏	女	33	☑	2001/9/1	硕士	讲师	电子工程系	18919932568
620008	蔡路明	男	28	☑	2005/9/1	硕士	讲师	电子工程系	13893351521
620014	段翠涵	女	32	☑	2002/9/1	大学本科	讲师	经济管理系	13088987825
620022	温玉琴	女	31	☑	2003/9/1	大学本科	讲师	基础部	18896368547
620025	王国庆	男	27	☑	2007/9/1	博士	讲师	基础部	18893656584
*			0		2013/9/24				

记录：第1项(共6项) ▶ ▶ ▷ ▽ 已筛选 搜索

图 2-49 按内容筛选出职称为"讲师"的教师

【设计过程】

(1)用"数据表视图"打开"教师表",单击"职称"字段列任一行,在"职称"字段中找到"讲师",并选中。

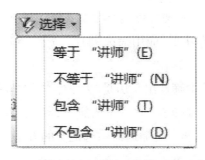

图 2-50 筛选选项

(2)在"开始"选项卡的"排序和筛选"组中,单击"选择"按钮,弹出下拉菜单,如图 2-50 所示。从下拉菜单中选择"包含'讲师'",Access 将根据选项,筛选出相应的记录,如图 2-49 所示。

【案例 2-24】在"教师表"中筛选出职称为"副教授"的教师。

【案例效果】图 2-51 是"教师表"中按窗体筛选出职称为"副教授"教师的结果。通过

Access
数据库
技术及
应 用
情 境
教 程

Access
SHUJUKU
JISHUJI
YINGYONG
QINGJING
JIAOCHENG

72

本案例的学习,可以学会按窗体筛选记录的方法。

图2-51　按窗体筛选出职称为"副教授"的教师

【设计过程】

(1)用"数据表视图"打开"教师表"。

(2)在"开始"选项卡的"排序和筛选"组中选择"高级"下拉菜单中的"按窗体筛选",出现"按窗体筛选"窗口,在"职称"列的下拉列表框中选择"副教授",如图2-52所示。

图2-52　按窗体筛选窗口

(3)单击"高级"下拉菜单中的"应用筛选/排序"命令。筛选结果如图2-51所示。

【案例2-25】在"教师表"中筛选出学历是"大学本科"的教师。

【案例效果】图2-53是"教师表"中用筛选器筛选出学历为"大学本科"的教师的结果。通过本案例的学习,可以学会用筛选器筛选记录的方法。

图2-53　用筛选器筛选学历为"大学本科"的教师

【设计过程】

(1)用"数据表视图"打开"教师表",单击"学历"字段列任一行。

(2)在"开始"选项卡的"排序和筛选"组中选择"筛选器"按钮或单击"学历"字段名行右侧下拉箭头。

(3)在弹出的下拉列表中,取消"全选"复选框,选择"大学本科"复选框,如图2-54所示。单击"确定"按钮,系统显示筛选结果。如图2-53所示。

图2-54　设置筛选选项

【案例2-26】在"教师表"中筛选2005年以前参加工作的男副教授,并按工作时间的先后顺序排序。

【案例效果】图2-55是"教师表"中用高级筛选筛选出2005年以前参加工作的男副教授的结果。通过本案例的学习,可以学会用高级筛选筛选记录的方法。

教师编号	姓名	性别	年龄	婚否	工作时间	学历	职称	系别	手机号
620004	武胜全	男	41	☑	1993-8-1	大学本科	副教授	信息工程系	1889316678
620023	孙力	男	36	☑	1998-8-1	硕士	副教授	经济管理系	1366996369
620019	周书明	男	34	☑	2000-8-1	博士	副教授	电子工程系	1891998565
620012	欧阳天明	男	33	☑	2002-7-1	硕士	副教授	土木工程系	1869318632

图2-55　高级筛选筛选出2005年以前参加工作的男副教授的教师

【设计过程】

(1)用"数据表视图"打开"教师表"。

(2)在"开始"选项卡的"排序和筛选"组中的"高级"下拉菜单中的"高级筛选/排序"命令,打开"高级筛选/排序"窗口。

(3)单击设计网格中第1列"字段"行,选择"工作时间",在相应的条件框内输入"<#2005-01-01#",并选择"排序"行中的"升序";单击第2列的字段行,选择"性别",在相应的条件框内输入"男";单击第3列的字段行,在相应的条件框内输入"副教授",如图2-56

Access
数据库
技术及
应 用
情 境
教 程

Access
SHUJUKU
JISHUJI
YINGYONG
QINGJING
JIAOCHENG

74

所示。

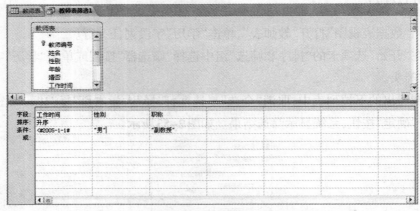

图2-56　筛选条件的设定

（4）单击"高级"下拉菜单中的"应用筛选/排序"命令。筛选结果如图2-55所示。

【提示】排序的结果保留,而筛选的结果不保留。也就是说,关闭表在重新打开表后,记录的显示顺序是上次排序后的顺序,而且显示全部记录。

【实战演练】

1. 对"学生表"中"出生日期"字段升序排序。

2. 对"学生表"中"出生日期"和"班级"两个字段降序排序。

3. 在"教师表"中先按"性别"字段升序排序,在性别相同的情况下再按"职称"的降序排序,如果"职称"相同的情况下,再按"工作时间"的降序排序。

4. 在"学生表"中按内容筛选方法筛选出1992年以前出生的学生记录。

5. 在"教师表"中按窗体筛选出职称为"博士"的教师记录。

6. 在"教师表"中用筛选器筛选出不是"讲师"的教师记录。

7. 在"教师表"中用高级筛选的方法筛选出年龄小于45岁,性别为女以及职称为"教授"的记录,筛选结果按工作时间的降序排序。

【任务评价】

【习题】

一、单选题

1. 下列选项中错误的字段名是(　　)。

    A. name   B. a1   C. a bc   D. a!C

2. Access2010中的字段数据类型不包括(　　)。

    A. 文本   B. 计算   C. 通用   D. 附件

3. 如果表中有"联系电话"字段,若要确保输入的联系电话只能为8位数字,应将该字段的输入掩码设置为(　　)。

    A. 00000000   B. 99999999   C. ########   D. ????????

4. 通配任何单个字母的通配符是(　　)。

    A. #   B. !   C. ?   D. [ ]

5. 通配多个字母的通配符是(　　)。

    A. #   B. !   C. *   D. %

6. 若要求在文本框中输入文本时达到密码"*"的显示效果,则应设置的属性是(　　)。

    A. 默认值   B. 标题   C. 密码   D. 输入掩码

7. 要在输入某日期/时间型字段值时自动插入当前的系统日期,应在该字段的默认值属性框中输入(　　)表达式。

    A. date( )   B. DATE[ ]   C. TIME( )   D. TIME[ ]

8. 数据表中的"行"称为(　　)。

    A. 字段   B. 数据   C. 记录   D. 数据视图

9. 默认值设置是通过(　　)操作来简化数据输入。

    A. 清除用户输入数据的所有字段   B. 用指定的值填充字段B

    C. 清除重复输入数据的必要   D. 用与前一个字段相同的值填充字段

10. 在数据表中要限制输入成绩的值必须在0~100分,应该设置字段的(　　)。

    A. 默认值   B. 有效性规则   C. 输入掩码   D. 字段类型

11. 用户在自行定义表之间的关系之前,应该把要定义关系的所有表(　　)。

    A. 打开   B. 关闭   C. 关联   D. 冻结

12. 下列字段的数据类型,不能作为主键的是(　　)。

    A. 文本型   B. 数字型   C. 备注型   D. 日期/时间型

13. 记录的操作不包括哪一项(　　)。

    A. 筛选记录   B. 添加记录   C. 修改记录   D. 删除记录

14. "按选定内容筛选"允许用户(　　)。

    A. 查找所选的值   B. 键入作为筛选条件的值

    C. 根据当前选中字段的内容,在数据表视图窗口中查看筛选结果

Access
数据库
技术及
应用
情境
教程

Access
SHUJUKU
JISHUJI
YINGYONG
QINGJING
JIAOCHENG

76

D. 以字母或数字顺序组织数据

15. 以下哪个字段是文本型（　　）。

    A. 工资　　　　　　B. 婚否　　　　　　C. 年龄　　　　　　D. 职工号

16. 以下哪个字段可以设置为"是/否"型（　　）。

    A. 电话号码　　　　B. 家庭住址　　　　C. 婚否　　　　　　D. 基本工资

17. 以下哪个字段是数字型（　　）。

    A. 基本工资　　　　B. 邮政编码　　　　C. 职工号　　　　　D. 姓名

18. 以下哪个字段是OLE对象型的（　　）。

    A. 年龄　　　　　　B. 姓名　　　　　　C. 性别　　　　　　D. 照片

19. 要让输入的所有字符以大写显示，应在"格式"属性框中输入（　　）。

    A. <　　　　　　　　B. >　　　　　　　　C. #　　　　　　　　D. @

20. 若将"产品编号"的"格式"属性设置为@@-@@@，则输入CP001时，将会显示（　　）。

    A. CP001　　　　　　B. CP-001　　　　　　C. CP?001　　　　　　D. CP 001

二、填空题

1. 记录的操作包括：添加记录、＿＿＿＿＿＿、＿＿＿＿＿＿。

2. 表之间的关系可以分为三类：＿＿＿＿＿＿、＿＿＿＿＿＿、＿＿＿＿＿＿。

3. 要修改表的结构，只能在＿＿＿＿＿＿视图中进行。

4. 修改字段包括修改字段的名称、＿＿＿＿＿＿、说明等。

5. Access中，可以在＿＿＿＿＿＿视图中打开表，也可以在设计视图中打开表。

6. 如果希望两个字段按不同的次序排序，或者按两个不相邻的字段排序，须使用＿＿＿＿＿＿窗口。

7. 在输入数据时，如果希望输入的格式标准保持一致或希望检查输入时的错误，可以通过设置字段的＿＿＿＿＿＿属性来设置。

8. Access中，空值用＿＿＿＿＿＿来表示。

9. Access提供了两种数据类型的字段保存文本或文本和数字的组合数据，这两种数据类型是＿＿＿＿＿＿、＿＿＿＿＿＿。

10. 在Access中，每个表必须有一个字段能够唯一标识一个记录，这个字段成为＿＿＿＿＿＿。

11. 在Access中，有3种类型的索引：分别是＿＿＿＿＿＿、＿＿＿＿＿＿、＿＿＿＿＿＿。

12. 一个表只能有一个主键，当设置另一个字段为主键时，原来的主键会自动＿＿＿＿＿＿。

13. 排序是指对记录按照某种特定的顺序排列显示，有两种方式：＿＿＿＿＿＿和＿＿＿＿＿＿。

14. 表有两种视图，＿＿＿＿＿＿和＿＿＿＿＿＿。

15. 为了提高输入效率，避免重复输入，经常要设置字段属性的＿＿＿＿＿＿。

学习情境三

查询的创建与使用

情境描述

本情境要求学生了解查询的作用、查询的类型；学会使用向导创建查询的方法，学会在查询设计视图中修改查询及属性的设置方法；学会创建参数查询、交叉表查询的方法；学会在查询中应用条件、在查询中进行计算的方法；学会创建操作查询、创建SQL查询的方法。本情境参考学时为12学时。

学习目标

学会利用向导创建查询。

学会利用设计视图创建选择查询。

学会利用设计视图创建参数查询。

学会利用设计视图创建交叉表查询。

学会利用设计视图创建操作查询。

学会利用SQL语言进行数据查询。

学会在查询中应用条件、在查询中进行计算的方法。

工作任务

任务1　创建选择查询

任务2　创建参数查询

任务3　创建交叉表查询

任务4　创建操作查询

任务5　使用SQL语句创建查询

学习情境三　查询的创建与使用

任务1　创建选择查询

【任务引导】

查询是将Access数据库的表或其他查询中用户感兴趣的数据筛选出来形成的一个对象，用来查看、更改和分析数据，当每次打开查询时按已创建好的结构，从数据库表或其他查询中的数据组成一个临时表，这就形成了查询。当数据库表中的原始数据发生变化时，查询也会发生变化，所以查询是一个动态表。在Access中"选择查询"是最基本的

Access
数据库
技术及
应用
情境
教程

Access
SHUJUKU
JISHUJI
YINGYONG
QINGJING
JIAOCHENG

80

查询,也是最常用的查询类型。选择查询可对记录进行分组和计算,如总计、平均、计数、最大值和最小值等。创建选择查询可使用向导或设计视图的方法。

【知识储备】

知识点1 查询的功能

1. 查询可对一个表作为数据源,也可对多个表或其他查询作为查询的数据源。

2. 对数据进行查看、更改、删除、追加、排序、计算等操作。

3. 在查询中设置条件,可按照条件进行查询。

4. 通过查询创建数据库表。

5. 也可将数据进行的查询作为其他查询、窗体、报表或数据访问页的数据源。

知识点2 查询的类型

Access数据库中查询根据它的功能和操作不同,主要有选择查询、参数查询、交叉表查询、操作查询和SQL查询。

知识点3 查询的视图

查询的视图有设计视图、数据表视图、SQL视图、数据透视表视图和数据透视图视图5种。

1. 设计视图

主要用于创建和修改查询。使用设计视图可方便灵活地创建各种功能的查询,也可以使用设计视图修改查询的结构。

2. 数据表视图

用于显示运行查询后的最终结果。在该视图中,可进行编辑字段、添加和删除数据、查找数据等操作,也可以对查询进行排序、筛选等,甚至还可以改变查询的显示以及外观,如调整行高、列宽,设置单元格边框。

3. SQL视图

SQL视图是用SQL语句创建的查询。用其他方法创建了查询,当用户切换到SQL视图时,可看到Access系统自动生成的SQL语句。也可直接在SQL视图下,使用SQL语句创建或修改查询。

4. 数据透视表视图和数据透视图视图

查询创建后往往是一种固定格式显示,当切换到数据透视表视图时,可重新将字段布局,从不同的角度分析查询数据,以及用图表的形式显示数据。但使用数据透视表和数据透视图时,必须至少要有一个数据字段用于统计计算。

【工作任务】

【案例3-1】使用查询向导创建教师简表查询,数据源为"教师表"数据表,能够显示教师的姓名、性别、学历、职称及所在的系别。

【案例效果】图3-1是使用向导创建的"教师简表"查询,通过本案例的学习,可以学会使用"查询向导"创建"选择查询"的方法。

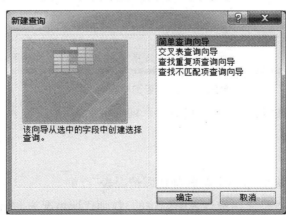

姓名	性别	学历	职称	系别
王春雯	女	硕士	讲师	经济管理系
具雪梅	女	大学本科	教授	信息工程系
李柏年	男	硕士	助教	土木工程系
武胜全	男	大学本科	副教授	信息工程系
马子民	男	大学本科	高级实验师	土木工程系
包小敏	女	硕士	讲师	经济管理系
安朝霞	女	大学本科	副教授	电子工程系
蔡路明	男	硕士	讲师	电子工程系
魏晓娟	女	大学本科	副教授	经济管理系
张婷	女	博士	副教授	信息工程系
王佳	女	大学本科	高级实验师	电子工程系
欧阳天明	男	硕士	副教授	土木工程系
张万年	男	大学本科	教授	经济管理系
段翠涵	女	大学本科	讲师	经济管理系
丁严君	女	硕士	副教授	信息工程系
倪君昌	男	大学本科	高级实验师	电子工程系
李娟	女	硕士	助教	基础部
李刚军	男	大学本科	教授	基础部
周书明	男	博士	副教授	电子工程系
白雪梅	女	硕士	助教	基础部

记录: 第1项(共25项) 无筛选器 搜索

图3-1 教师简表查询

【设计过程】

(1)打开"教学管理"数据库,在"创建"选项卡中,单击"查询"组的"查询向导"按钮,打开如图3-2所示"新建查询"对话框。在该对话框中选择"简单查询向导",然后单击"确定"按钮,打开如图3-3所示的"简单查询向导"对话框。

新建查询

简单查询向导
交叉表查询向导
查找重复项查询向导
查找不匹配项查询向导

该向导从选中的字段中创建选择查询。

确定　　取消

图3-2 新建查询对话框

Access
数据库
技术及
应用
情境
教程

Access
SHUJUKU
JISHUJI
YINGYONG
QINGJING
JIAOCHENG

82

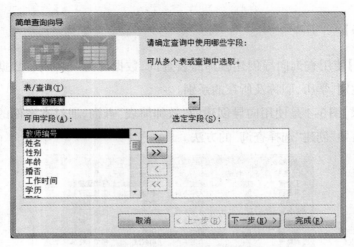

图3-3 "简单查询向导"对话框

(2)在"简单查询向导"对话框中的"表/查询"下拉列表中选择"教师表",在"可用字段"列表中分别选择"姓名"、"性别"、"学历"、"职称"、"系别",再分别单击向右的单箭头按钮,将选定字段添加到"选定字段"框中,单击"下一步",打开如图3-4"添加查询标题对话框"。

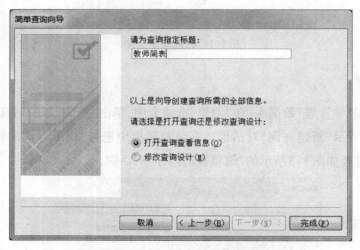

图3-4 添加查询标题对话框

(3)在"添加查询标题对话框"的"请为查询指定标题"框中输入"教师简表",然后单击"完成",结果如图3-1所示。

【案例3-2】使用设计视图创建"教师代课情况表"查询。

【案例效果】图3-5是使用设计视图创建的"教师代课情况表"查询,通过本案例的学习,可以学会使用设计视图创建选择查询的方法。

姓名	课程名称	系别
包小敏	财务管理	经济管理系
李娟	大学英语	基础部
温玉琴	大学语文	基础部
王佳	电工技术	电子工程系
具雪梅	电子商务导论	信息工程系
魏晓娟	会计电算化	经济管理系
王春雯	会计学基础	经济管理系
欧阳天明	结构力学	土木工程系
白雪梅	就业与创业	基础部
蔡路明	模拟电路	电子工程系
马子民	桥梁设计导论	土木工程系
武胜全	数据库应用	信息工程系
安朝霞	数字电路	电子工程系
李刚军	思想道德修养	基础部
段翠涵	投资方法导论	经济管理系
李柏年	土木建筑学	土木工程系
王国庆	西方英语文学	基础部
王国庆	英语语言学	基础部

图3-5　教师代课情况表查询

【设计过程】

（1）打开"教学管理"数据库，在"创建"选项卡中，单击"查询"组的"查询设计"按钮，打开"设计视图"如图3-6所示。同时打开"显示表"对话框，如果"显示表"对话框没有打开，则在"设计"选项卡中，单击"查询设置"组中"显示表"按钮，打开"显示表"对话框。

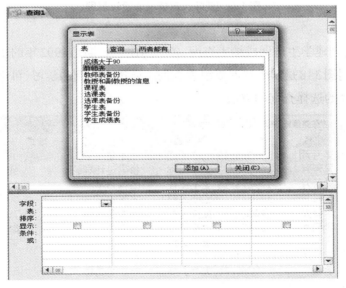

图3-6　选择表

（2）选择"显示表"对话框的"表"选项卡，在"表"选项卡中选择教师表、课程表和选课表，单击"添加"按钮，将教师表、课程表和选课表添加到查询设计窗口中，然后关闭"显示

Access
数据库
技术及
应用
情境
教程

Access
SHUJUKU
JISHUJI
YINGYONG
QINGJING
JIAOCHENG

84

表"对话框。

(3)将教师表中的姓名和系别、课程表的课程名称字段分别拖入设计窗口的字段区域,单击"设计"选项卡中的"Σ"按钮,单击设计视图下半部分总计行中的单元格,选择"分组",如图3-7所示。在"设计"选项卡中,单击"结果"组中的"视图"按钮下拉列表,从中选择"数据表视图",显示查询结果,如图3-5所示。关闭并保存查询。

图3-7　教师代课情况表设计视图

【案例3-3】创建学生选课成绩表查询,条件为出生日期是1992年的土木工程专业。

【案例效果】图3-8是学生选课成绩表查询。通过本案例的学习,可以学会使用设计视图创建带条件的选择查询的方法。

姓名	出生日期	专业名称	课程名称	成绩
吴芳芳	1992/3/13	土木工程	土木建筑学	95
吴芳芳	1992/3/13	土木工程	桥梁设计导论	98
吴芳芳	1992/3/13	土木工程	结构力学	92
吴芳芳	1992/3/13	土木工程	大学语文	80
李晓光	1992/2/2	土木工程	土木建筑学	78
李晓光	1992/2/2	土木工程	桥梁设计导论	86
李晓光	1992/2/2	土木工程	大学英语	93
李晓光	1992/2/2	土木工程	就业与创业	91
李波	1992/6/25	土木工程	会计学基础	82

记录: ◄ 第1项(共9项) ► ►► ⊮ 无筛选器　搜索

图3-8　学生选课成绩表查询

【设计过程】

（1）打开"教学管理"数据库，在"创建"选项卡中，单击"查询"组中的"查询设计"按钮，打开"设计视图"，在"显示表"对话框选择学生表、选课表和课程表，将这三个表添加到设计视图中。

（2）将学生表的姓名、出生日期和专业名称，课程表中的课程名称，选课表中的成绩分别拖入设计视图的字段行。

（3）在设计视图出生日期字段下面的条件单元格中输入"Year([出生日期])=1992"，在专业名称字段下面的条件单元格中输入"土木工程"，自动会加上英文的双引号，如图3-9所示。

（4）在"设计"选项卡中，单击"结果"组中的"视图"按钮下拉列表，从中选择"数据表视图"，显示查询结果，结果如图3-8所示。关闭并保存查询。

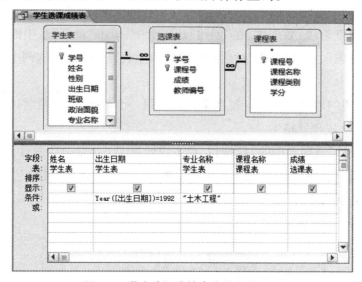

图3-9　学生选课成绩表查询设计视图

【提示】所需要的条件都写在相应字段"条件"行的单元格中，表示这些条件是"与"的关系，如果条件之间是"或"的关系，条件要写在"条件"行和"或"行的相应字段单元格中。条件中的字符要用英文的双引号，字段用方括号。

【案例3-4】创建学生成绩汇总表查询，计算每个学生的课程总数、最高成绩和平均成绩。

【案例效果】图3-10是学生成绩汇总表查询。通过本案例的学习，可以学会在查询中计算的方法。

Access
数据库
技术及
应 用
情 境
教 程

Access
SHUJUKU
JISHUJI
YINGYONG
QINGJING
JIAOCHENG

86

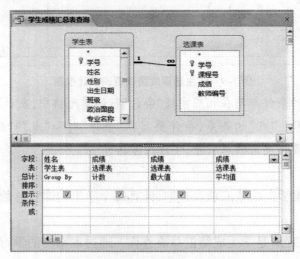

图3-10　学生成绩汇总表查询

【设计过程】

（1）打开"教学管理"数据库，在"创建"选项卡中，单击"查询"组中的"查询设计"按钮，打开"设计视图"，在"显示表"对话框中选择学生表、选课表，将这两个表添加到设计视图中。

（2）将学生表的姓名拖入设计视图字段行的第一个单元格，然后将选课表的成绩分别3次拖入其他字段单元格中。

（3）单击"设计"选项卡中的"Σ"按钮，单击设计视图下半部分中总计行中的单元格。

（4）在"姓名"字段的"总计"行单元格中选择"分组"。在其他"成绩"字段下面的总计行的单元格中分别选择"计数"、"最高值"和"平均值"，如图3-11所示。

图3-11　学生成绩汇总设计视图

（5）在"设计"选项卡中，单击"结果"组的"视图"按钮下拉列表，从中选择"数据表视图"，显示查询结果，关闭并保存查询。结果如图3-10所示。

【案例3-5】在查询中计算学生年龄和平均成绩，并对平均成绩降序排序。

【案例效果】图3-12是学生年龄和平均成绩的统计查询。往往创建查询时的字段名称不是数据库表中的字段，这些字段可能是计算后得到的，这时需要为查询添加字段名。通过本案例的学习，可以学会在查询中计算、排序和自定义字段名称的方法。

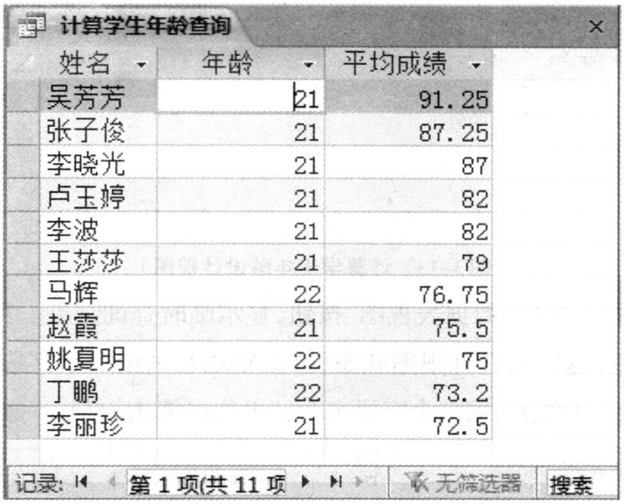

姓名	年龄	平均成绩
吴芳芳	21	91.25
张子俊	21	87.25
李晓光	21	87
卢玉婷	21	82
李波	21	82
王莎莎	21	79
马辉	22	76.75
赵霞	21	75.5
姚夏明	22	75
丁鹏	22	73.2
李丽珍	21	72.5

记录：第1项(共11项) 无筛选器 搜索

图3-12 计算年龄和平均成绩查询

【设计过程】

（1）打开"教学管理"数据库，在"创建"选项卡中，单击"查询"组中的"查询设计"按钮，打开"设计视图"，在"显示表"对话框选择学生表、选课表，将这两个表添加到设计视图中。

（2）将学生表的姓名拖入设计视图字段行的第一个单元格，在设计视图字段行的第二个单元格中输入"表达式1:year(date())-year([出生日期])"，将"选课表"中的"成绩"字段拖入字段行的第三个单元格中，修改字段名为"表达式2:[成绩]"。在"设计"选项卡中单击"Σ"按钮，插入"总计"行，在第三列总计行中选择"平均值"，其余的总计行选择"分组"，如图3-13所示。

Access
数据库
技术及
应 用
情 境
教 程

Access
SHUJUKU
JISHUJI
YINGYONG
QINGJING
JIAOCHENG

88

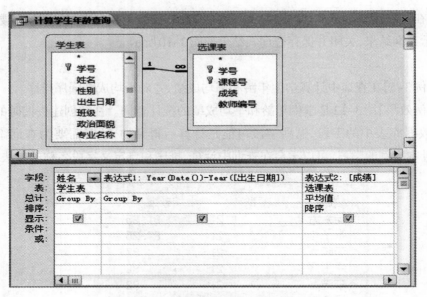

图3-13 计算学生年龄设计视图1

（3）单击窗口右下角的"数据表视图"按钮，显示临时查询结果。再单击窗口右下角的"设计视图"按钮，返回到设计视图状态，修改字段行的第二个字段名为："年龄：year（date（ ））-year（[出生日期]）"，第三个字段名为："平均成绩：[成绩]"。如图3-14所示。

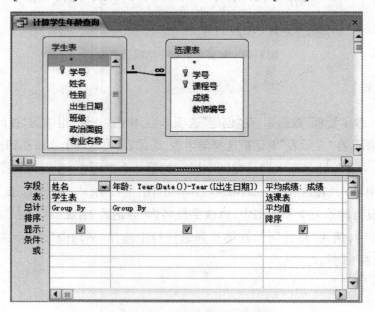

图3-14 计算学生年龄设计视图2

（4）再次单击"数据表视图"按钮切换到数据表视图，显示查询结果，关闭并保存查询。结果如图3-12所示。

【实战演练】

1. 利用查询向导在"教学管理"数据库中创建"学生简表"查询。

表3.1　学生简表查询结构

字　段	学　号	姓　名	性　别	班　级	专业名称
表	学生表	学生表	学生表	学生表	学生表
排序					
显示	√	√	√	√	√

2. 利用设计视图在"教学管理"数据库中创建"学生选课情况表"查询。

表3.2　学生选课情况表查询结构

字　段	学　号	姓　名	性　别	课程名称	专业名称
表	学生表	学生表	学生表	课程表	学生表
排序					
显示	√	√	√	√	√

3. 在"教学管理"数据库中创建"女生党员选课情况表"查询。

表3.3　女生党员选课情况表查询结构

字　段	学　号	姓　名	性　别	课程名称	政治面貌	专业名称
表	学生表	学生表	学生表	课程表	学生表	学生表
排序						
显示	√	√		√		√
条件			"女"		"党员"	

【任务评价】

Access
数据库
技术及
应 用
情 境
教 程

Access
SHUJUKU
JISHUJI
YINGYONG
QINGJING
JIAOCHENG

90

任务 2　创建参数查询

【任务引导】

参数查询是在执行查询时显示一个或几个对话框,要求用户输入参数作为查询条件,查询根据用户输入的参数来检索符合相应条件的记录。为此,它可以按条件构建动态查询。

【知识储备】

知识点 1　创建参数查询的方法

创建参数查询的主要方法是在查询设计视图中,在要作为参数使用的某个或某些字段下的条件行中,输入英文状态下的方括号,并在其中输入相应的提示信息。运行查询时,Access 将在"输入参数值"对话框中显示该提示。

知识点 2　参数查询的类型

参数查询有单参数查询和多参数查询两种。单参数查询是在一个字段的条件行中指定一个参数。在执行参数查询时,用户需要输入参数作为条件。多参数查询是在多个字段中指定参数,在运行查询时,用户依次输入多个条件。

【工作任务】

【案例 3-6】创建按学号检索的单参数查询,当输入某个学生的学号时,就能够显示该学生的信息。

【案例效果】图 3-15 是输入学号"20100008"参数后,执行单参数查询的结果。通过本案例的学习,可以学会创建单参数查询的方法。

图 3-15　学号"20100008"为参数的单参数查询

【设计过程】

(1)打开"教学管理"数据库,在"创建"选项卡中,单击"查询"组中的"查询设计"按钮,打开"设计视图",将学生表添加到设计视图中。

（2）将学生表的学号、姓名、性别、出生日期、班级、政治面貌、专业名称分别添加到相应的字段行。

（3）在学号的条件行中输入："[请输入学号:]"参数，如图3-16所示，保存查询。

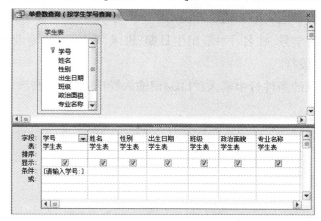

图3-16　单参数查询设计视图

（4）运行该查询，显示"输入参数值"对话框，如图3-17所示，在对话框中输入"20100008"学号，单击"确定"。

图3-17　输入参数值对话框

（5）以数据表视图的方式显示学号为20100008的学生信息，如图3-15所示。

【案例3-7】创建按姓氏检索的单参数查询，当输入学生姓氏时就能显示该姓氏学生的信息。

【案例效果】图3-18是按马姓查询的结果。通过本案例的学习，可学会创建单参数查询和使用Like查找匹配字符的用法。

图3-18　按姓氏检索的查询

Access
数据库
技术及
应 用
情 境
教程

Access
SHUJUKU
JISHUJI
YINGYONG
QINGJING
JIAOCHENG

92

【设计过程】

（1）打开"教学管理"数据库，在"创建"选项卡中，单击"查询"组的"查询设计"按钮，打开"设计视图"，将学生表添加到设计视图中。

（2）将学生表的学号、姓名、性别、出生日期、班级、政治面貌、专业名称和电子邮件分别添加到相应的字段行。

（3）在姓名字段的条件行中输入："Like[请输入姓氏:]&"*""参数，如图3-19所示，保存查询。

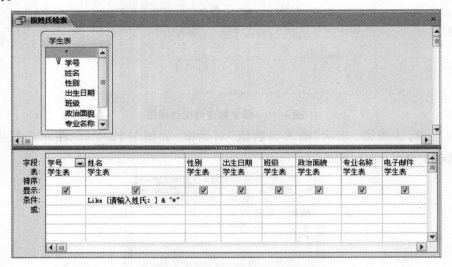

图3-19 按姓氏检索的设计视图

（4）运行该查询，显示"输入参数值"对话框，如图3-20所示，在对话框中输入姓氏"马"，单击"确定"。

图3-20 输入姓氏对话框

（5）查询以数据表视图的方式显示马姓的学生信息，如图3-18所示。

【案例3-8】创建按学生性别和政治面貌检索的多参数查询。

【案例效果】图3-21是输入学生性别为"女"和政治面貌为"党员"两个参数后，执行多参数查询的结果。通过本案例的学习，可以学会创建多参数查询的方法。

学号	姓名	性别	班级	政治面貌	专业名称	课程号	成绩
20100003	吴芳芳	女	10土木2	党员	土木工程	A001	95
20100003	吴芳芳	女	10土木2	党员	土木工程	A002	98
20100003	吴芳芳	女	10土木2	党员	土木工程	A003	92
20100003	吴芳芳	女	10土木2	党员	土木工程	B002	80
20100009	卢玉婷	女	10电子	党员	电子工程	D001	88
20100009	卢玉婷	女	10电子	党员	电子工程	D002	64
20100009	卢玉婷	女	10电子	党员	电子工程	D003	78
20100009	卢玉婷	女	10电子	党员	电子工程	B001	98

记录: ⏮ ◀ 第1项(共8项) ▶ ▶▮ ▶◼ 无筛选器 搜索

图3-21 多参数查询

【设计过程】

（1）打开"教学管理"数据库，单击"查询"对象，在"创建"选项卡的"查询"组中单击"查询设计"按钮，打开"设计视图"，将学生表添加到设计视图中。

（2）将学生表的学号、姓名、性别、班级、政治面貌、专业名称、课程号和成绩分别添加到相应的字段行。

（3）在性别字段的条件行中输入："[请输入性别:]"参数，在政治面貌字段的条件行中输入："[请输入政治面貌:]"参数，如图3-22所示，保存查询。

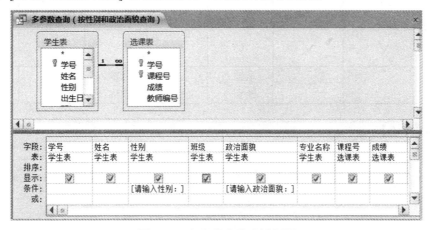

图3-22 多参数查询设计视图

（4）运行该查询，在性别输入参数值对话框中输入"女"参数，在政治面貌输入值对话框中输入"党员"参数，单击"确定"。

（5）查询以数据表视图的方式显示女性党员的学生信息和成绩，如图3-21所示。

Access
数据库
技术及
应 用
情 境
教 程

Access
SHUJUKU
JISHUJI
YINGYONG
QINGJING
JIAOCHENG

94

【实战演练】

1. 在教学管理数据库中创建以姓氏为参数的单参数查询,查询为"按姓氏查询"。

表3.4 "按姓氏查询"的结构

字 段	教师编号	姓 名	性 别	学 历	职 称	系 别	手机号
表	教师表	教师表	教师表	教师表	教师表	教师表	教师表
排序							
显示	√	√	√	√	√	√	√
条件		Like[请输入姓氏:]&"*"					

2. 在教学管理数据库中创建多参数查询,参数是性别为女的副教授,查询为"女副教授查询"。

表3.5 "女副教授"查询结构

字 段	教师编号	姓 名	性 别	学 历	职 称	系 别	手机号
表	教师表	教师表	教师表	教师表	教师表	教师表	教师表
排序							
显示	√	√	√	√	√	√	√
条件			[请输入性别:]		[请输入职称:]		

【任务评价】

任务3　创建交叉表查询

【任务引导】

交叉表查询是可以将数据库表或其他查询的数据重新布局,并对这些数据进行分组,一组在数据表的左侧作为行标题,另一组数据在数据表的上部分作为列标题,在行和列交叉处显示某个字段的各种计算值,使数据的显示更加直观、易读。

【知识储备】

知识点1　交叉表查询的功能

交叉表查询的功能主要用于将各字段分组计算,也称为分类汇总,然后重新布局显示。但选择的字段值要能够计算,如字符型的只能计数,不能计算平均值和求和等。

知识点2　创建交叉表查询的方法

创建交叉表查询可以使用"交叉表查询向导",也可以使用设计视图创建两种方法。但利用交叉表向导只能从一个表或一个查询作为数据源,而利用设计视图可以创建由多个表作为数据来源创建交叉表查询。

【工作任务】

【案例3-9】使用交叉表查询向导创建统计各学历男女教师人数的查询。

【案例效果】图3-23是使用交叉表查询向导创建的教师学历统计查询。通过本案例的学习,可以学会使用交叉表查询向导创建交叉表查询。

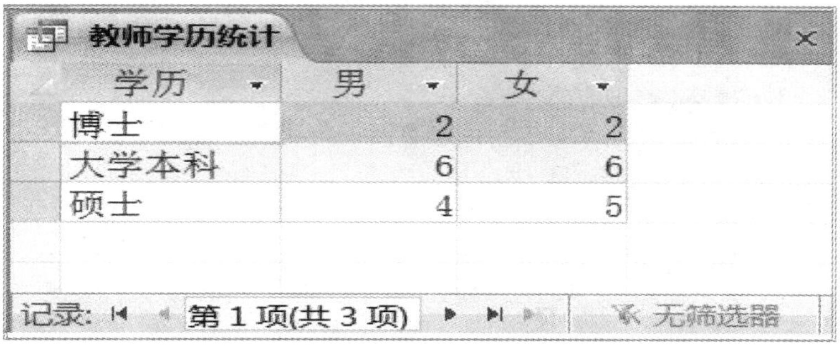

学历	男	女
博士	2	2
大学本科	6	6
硕士	4	5

图3-23　学历统计查询

【设计过程】

(1)打开"教学管理"数据库,在"创建"选项卡中单击"查询"组的"查询向导"按钮,打

Access
数据库
技术及
应用
情境
教程

Access
SHUJUKU
JISHUJI
YINGYONG
QINGJING
JIAOCHENG

96

开"新建查询"对话框。在该对话框中选择"交叉表查询向导",然后单击"确定"按钮,打
开交叉表查询向导选择表对话框。如图3-24所示。

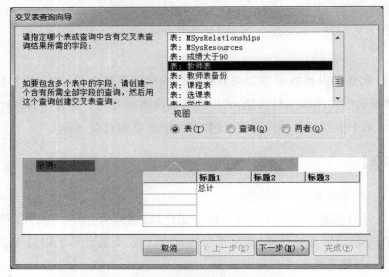

图3-24　交叉表查询向导选择表对话框

（2）在交叉表查询向导选择表对话框中选择教师表,单击"下一步",打开如图3-25
所示选择行标题对话框。

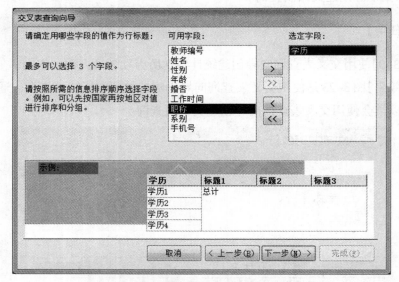

图3-25　交叉表查询向导选择行标题对话框

（3）在交叉表查询向导对话框中选择学历作为行标题,单击"下一步",打开如图
3-26所示选择列标题对话框。

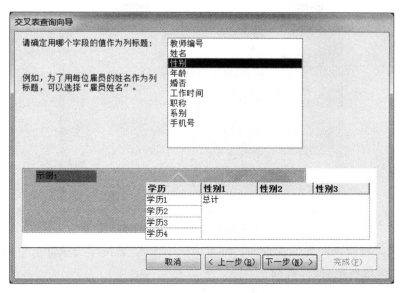

图3-26　交叉表查询向导选择列标题对话框

（4）在交叉表查询向导选择列标题对话框中选择性别作为列标题,单击"下一步",打开如图3-27所示选择计算字段对话框。

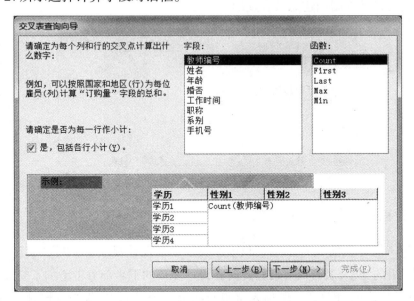

图3-27　交叉表查询向导选择计算字段对话框

（5）在交叉表查询向导选择计算字段对话框中选择"教师编号"作为计算字段,在"函数框"中选择"计数(count)",勾选"是,包括各行小计",单击"下一步",打开如图3-28所示输入查询名称对话框。

Access
数据库
技术及
应 用
情 境
教 程

Access
SHUJUKU
JISHUJI
YINGYONG
QINGJING
JIAOCHENG

98

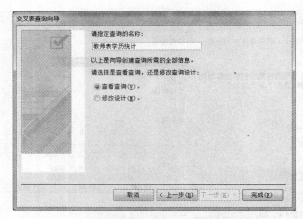

图 3-28　交叉表查询向导输入查询名称对话框

（6）在交叉表查询向导输入查询名称对话框中输入"教师学历统计"，单击"完成"，查询结果如图 3-23 所示，保存查询。

【案例 3-10】使用设计视图创建交叉表查询。

【案例效果】图 3-29 是按每班各政治面貌统计选课数的查询。通过本案例的学习，可以学会使用设计视图创建交叉表查询。

班级	课程数	党员	群众	团员
10电子	8	4	4	
10电子商务	8		8	
10会计电算化	4			4
10商务英语	8		4	4
10土木2	5	4	1	
10土木工程1	9			9

交叉表查询（统计每班各政治面貌选课数）

记录: |◀ 第 1 项(共 6 项) ▶ ▶|　▼ 无筛选器　搜索

图 3-29　统计每班各政治面貌选课数

【设计过程】

（1）打开"设计视图"，将学生表和选课表添加到设计视图中，单击"设计"选项卡中"查询类型"组的"交叉表查询"按钮，此时在设计窗口的下半部分中增加了交叉表行。

（2）将学生表的"班级"字段拖入字段行的第一个单元格，作为行标题，总计行选择"分组"，交叉表行选择"行标题"；将选课表的"课程号"字段拖入第二个单元格，字段名修改为"课程数:课程号"，总计行选择"计数"，交叉表行选择"行标题"；将学生表的政治面貌字段拖入字段行的第三个单元格，总计行选择"分组"，交叉表行选择"列标题"；将选课表的课程号再次拖入字段行的第四个单元格，总计行选择"计数"，交叉表行选择"值"。

如图3-30所示。

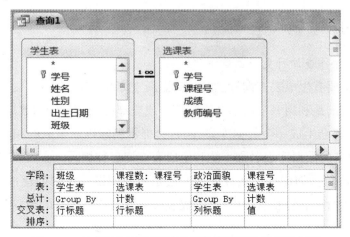

图3-30　按每班各政治面貌统计选课数查询的设计视图

（3）切换到数据表视图，结果如图3-29所示，保存查询。

【实战演练】

1. 在教学管理数据库中，使用交叉表查询向导创建统计各学历男女教师人数的查询，行标题为"学历"，列标题为"性别"，值为"教师编号"。

2. 在教学管理数据库中，使用查询向导创建交叉表查询，统计教师各学历、各职称人数的查询。行标题为学历、教师编号计数，列标题为"职称"，值为"教师编号计数"。

【任务评价】

任务4　创建操作查询

【任务引导】

操作查询是将一个或多个表中的数据生成一个新表，也可对数据库表的数据进行更

Access
数据库
技术及
应用
情境
教程

Access
SHUJUKU
JISHUJI
YINGYONG
QINGJING
JIAOCHENG

100

新,对记录进行删除、追加等。操作查询也称为动作查询。

【知识储备】

知识点1　操作查询种类与创建方法

操作查询主要有生成表查询、追加查询、更新查询和删除查询。

1. 生成表查询是利用一个或多个表的部分或全部记录创建新的数据库表,每执行一次生成表查询,都会生成一个数据库表,同时会提示删除以前生成的相同表。在创建生成表查询时,命名的数据库表名称不能和生成表查询名称相同。生成表查询主要用于对数据库表进行备份。创建生成表查询的方法是先利用设计视图创建一个选择查询,在"设计"选项卡的"查询类型"组中单击"生成表查询"按钮,对生成的数据库表和生成表查询分别命名。

2. 追加查询是将一个或多个表中的一组或全部记录批量追加到另一个或多个表的末尾。每执行一次追加查询,都会向目标数据库表追加一次记录,若执行两次以上追加查询,在目标数据库中就会存在重复记录,为此追加查询只能执行一次。创建追加查询的方法是先利用设计视图创建一个选择查询,在"设计"选项卡的"查询类型"组中单击"追加查询"按钮,对目标数据库表和追加查询分别命名。

3. 删除查询是将数据库的一个表中一组或全部记录批量删除。每执行一次删除查询,都会从目标数据库表删除记录,若执行两次以上删除查询,则会显示"您正准备从指定表删除0行"。也可从多个表中删除记录,但这些表必须建立关系。创建删除查询的方法是在设计视图中添加要删除记录的表,从表中将与条件相关的字段添加到字段行(由于在目标表中删除的是整行数据,不必将表中的字段一一输入),再输入条件,选择查询类型为"删除查询",然后保存删除查询。

4. 更新查询是利用查询将某个表中满足条件的数据批量更新。创建更新查询的方法是在设计视图中添加要更新数据的表,然后在"设计"选项卡的查询类型组中单击"更新查询",从表中将与条件相关的字段添加到字段行,再输入条件,在"更新到"行中输入更新后的数据,然后保存更新查询。

知识点2　修改操作查询

当一个操作查询创建后不合乎要求时,可修改查询。从以上创建操作查询的方法中看出,创建操作查询是在设计视图中进行的,自然修改操作查询也是在设计视图中进行。在导航窗格的查询对象中选择操作查询,然后在快捷菜单中选择"设计视图",打开设计视图,修改字段、条件,或查询类型等。其他类型的查询也可以用同样的方法在设计视图中修改。

【工作任务】

【案例3-11】利用生成表查询创建选课成绩大于90的学生信息数据库表。

【案例效果】图3-31是利用生成表查询创建的成绩大于90的数据库表。通过本案例可以学会利用生成表查询创建数据库表的方法。

学号	姓名	性别	班级	专业名称	课程名称	成绩
20100002	李丽珍	女	10会计电算化	会计电算化	大学英语	93
20100003	吴芳芳	女	10土木2	土木工程	土木建筑学	95
20100003	吴芳芳	女	10土木2	土木工程	桥梁设计导论	98
20100003	吴芳芳	女	10土木2	土木工程	结构力学	92
20100005	张子俊	男	10电子商务	电子商务方向	数据库应用	94
20100005	张子俊	男	10电子商务	电子商务方向	就业与创业	91
20100006	赵霞	女	10商务英语	商务英语	投资方法导论	95
20100007	姚夏明	男	10电子商务	电子商务方向	投资方法导论	94
20100008	李晓光	男	10土木1	土木工程	大学英语	93
20100008	李晓光	男	10土木1	土木工程	就业与创业	91
20100009	卢玉婷	女	10电子	电子工程	大学英语	98

记录：第1项(共11项) 无筛选器 搜索

图3-31　利用生成表查询创建的新表

【设计过程】

(1)打开设计视图,添加学生表、选课表、课程表。

(2)按图3-32所示添加字段,在成绩字段的条件行中输入">90"(在设计视图中条件不带引号"")。

图3-32　生成表设计视图

Access
数据库
技术及
应 用
情 境
教 程

Access
SHUJUKU
JISHUJI
YINGYONG
QINGJING
JIAOCHENG

102

(3)在"设计"选项卡的"查询类型"组中单击"生成表查询"按钮,打开如图3-33生成表名称对话框,输入生成新表的名称"成绩大于90",选择默认的"当前数据库",单击"确定",确认生成的表名称,保存并关闭生成表查询。

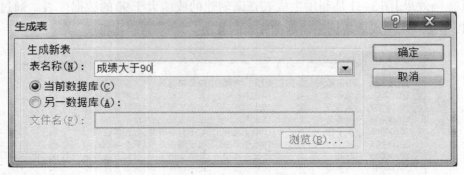

图3-33　生成新表名称对话框

(4)在导航窗格查询对象中选择并运行生成表查询,打开如图3-34所示对话框

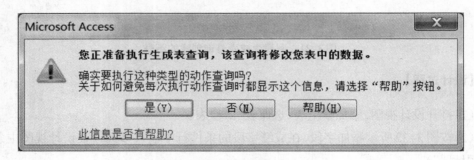

图3-34　确认执行生成表查询对话框

(5)单击图3-34所示对话框中的"是"按钮,打开如图3-35所示对话框。

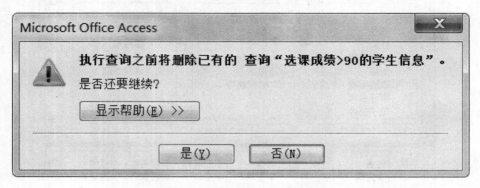

图3-35　提示删除之前由该生成表查询创建的数据库表

(6)单击图3-35所示对话框中的"是"按钮,确认执行查询。打开如图3-36所示对话框再次确认执行查询,则在数据库表对象中会生成一个"成绩大于90"的新表。

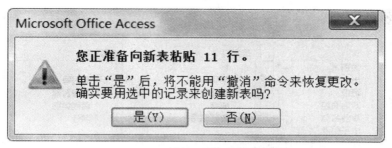

图3-36　再次确认执行查询对话框

【案例3-12】利用追加查询创建将选课成绩小于60分的学生信息追加到成绩大于90分的数据库表中。

【案例效果】图3-37是将成绩小于60分的学生信息追加到成绩大于90分的数据库表中。通过本案例可以学会利用追加查询批量将部分或全部数据追加到数据库表的方法。

学号	姓名	性别	班级	专业名称	课程名称	成绩
20100002	李丽珍	女	10会计电算化	会计电算化	大学英语	93
20100003	吴芳芳	女	10土木2	土木工程	土木建筑学	95
20100003	吴芳芳	女	10土木2	土木工程	桥梁设计导论	98
20100003	吴芳芳	女	10土木2	土木工程	结构力学	92
20100005	张子俊	男	10电子商务	电子商务方向	数据库应用	94
20100005	张子俊	男	10电子商务	电子商务方向	就业与创业	91
20100006	赵霞	女	10商务英语	商务英语	投资方法导论	95
20100007	姚夏明	男	10电子商务	电子商务方向	投资方法导论	94
20100008	李晓光	男	10土木1	土木工程	大学英语	93
20100008	李晓光	男	10土木1	土木工程	就业与创业	91
20100009	卢玉婷	女	10电子	电子工程	大学英语	98
20100001	丁鹏	男	10土木1	土木工程	结构力学	52
20100002	李丽珍	女	10会计电算化	会计电算化	会计电算化	55
20100004	马辉	男	10电子	电子工程	模拟电路	50
20100006	赵霞	女	10商务英语	商务英语	西方英语文学	50
20100007	姚夏明	男	10电子商务	电子商务方向	数据库应用	52
20100010	王莎莎	女	10商务英语	商务英语	西方英语文学	55

记录: ◄ 第1项(共17项) ► ►► ◄ 无筛选器 搜索

图3-37　将成绩小于60的记录追加至成绩大于90分的数据库表

【设计过程】

（1）打开设计视图,添加学生表、选课表、课程表到设计视图。按照图3-38所示将字段依次拖入字段行,在成绩字段条件行中输入"<60"。在"设计"选项卡中单击"查询"组的"追加查询"按钮,打开图3-39追加到表名称对话框。

Access
数据库
技术及
应用
情境
教程

Access
SHUJUKU
JISHUJI
YINGYONG
QINGJING
JIAOCHENG

104

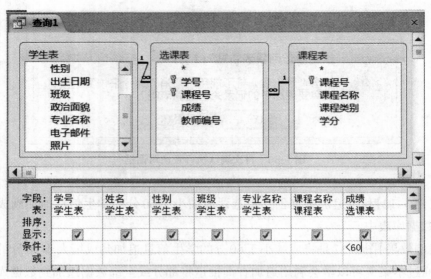

图3-38 使用设计视图创建追加查询

（2）在追加到表名称中输入"成绩大于90"，单击"确定"按钮。

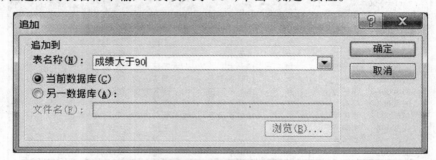

图3-39 追加到表名称对话框

（3）单击"开始"选项卡中的"视图"按钮，选择"数据表视图"，切换到数据表视图，显示小于60分的查询结果，如图3-40所示。

学号	姓名	性别	班级	专业名称	课程名称	成绩
20100001	丁鹏	男	10土木1	土木工程	结构力学	52
20100002	李丽珍	女	10会计电算化	会计电算化	会计电算化	55
20100004	马辉	男	10电子	电子工程	模拟电路	50
20100006	赵霞	女	10商务英语	商务英语	西方英语文学	50
20100007	姚夏明	男	10电子商务	电子商务方向	数据库应用	52
20100010	王莎莎	女	10商务英语	商务英语	西方英语文学	55

记录：第1项(共6项) 无筛选器 搜索

图3-40 小于60分的追加查询结果

（4）返回追加查询设计视图，如图3-41所示。保存追加查询为"小于60分追加查询"。

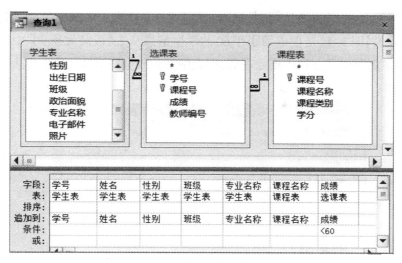

图3-41　追加查询设计视图

（5）在查询对象中双击"小于60分追加查询"运行查询，出现执行查询提示对话框，如图3-42，单击"是"按钮。

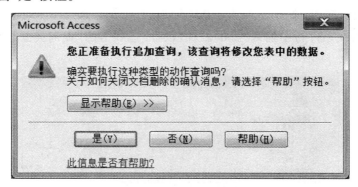

图3-42　执行查询提示对话框

（6）又出现图3-43对话框，单击"是"按钮，查询将6条记录追加到"成绩大于90"的数据库表中。双击表对象中的"成绩大于90"的表，从如图3-37中看到将6条记录添加到表的末尾。

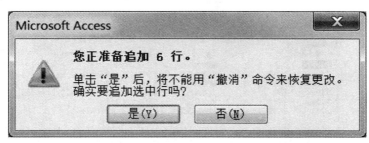

图3-43　再次提示执行追加查询对话框

Access
数据库
技术及
应 用
情 境
教 程

Access
SHUJUKU
JISHUJI
YINGYONG
QINGJING
JIAOCHENG

106

【案例3-13】创建删除查询,将数据库"成绩大于90"表中成绩小于60的记录删除。

【案例效果】图3-44是把成绩小于60的学生信息从表"成绩大于90"中删除后的结果。通过本案例可以学会利用删除查询,将表中部分或全部记录从数据库表中批量删除的方法。

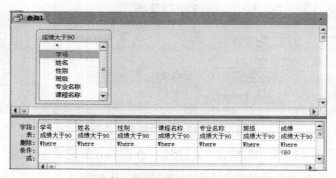

图3-44 删除成绩小于60后的数据库表

【设计过程】

(1)打开设计视图,添加"成绩大于90"表到设计视图。按照图3-45所示将"成绩"字段拖入字段行,在条件行中输入"<60"。在"设计"选项卡的"查询类型"组中单击"删除查询"按钮。

图3-45 删除查询设计视图

(2)切换到数据表视图,显示从成绩大于90表中筛选出成绩小于60的记录,如图3-46所示,保存并关闭查询。

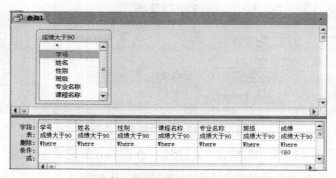

图3-46 成绩小于60的删除查询

(3)在查询对象中单击运行删除查询,在图3-47对话框中单击“是”,在图3-48对话框中单击“是”,完成删除查询。在表对象“成绩大于90”中查看结果,已经删除了成绩小于60的记录。

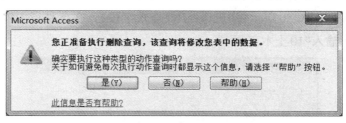

图3-47　删除查询提示对话框

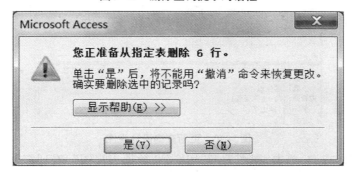

图3-48　再次提示对话框

【案例3-14】创建更新查询,将数据库“学生表”数据表中班级为“土木1”更新为“土木工程1”。

【案例效果】图3-49中已经将符合条件的三条记录中专业名称为“土木1”更新为“土木工程1”。通过本案例可以学会利用更新查询,将表中部分或全部数据按照指定条件更新的方法。

学生表

学号	姓名	性别	出生日期	班级	政治面貌	专业名称	电子邮件	照片
20100001	丁鹏	男	1991/8/26	10土木工程1	团员	土木工程	dppeng@163.com	
20100002	李丽珍	女	1992/2/27	10会计电算化	团员	会计电算化	llzhen@126.com	
20100003	吴芳芳	女	1992/3/13	10土木2	党员	土木工程	wufa@sina.com	
20100004	马辉	男	1991/9/9	10电子	群众	电子工程	mahui@qq.com	
20100005	张子俊	男	1992/8/18	10电子商务	群众	电子商务方向	zzjun@shou.com	
20100006	赵霞	女	1992/12/20	10商务英语	团员	商务英语	zhaoxia@qq.com	
20100007	姚夏明	男	1991/10/10	10电子商务	群众	电子商务方向	yaoming@163.com	
20100008	李晓光	男	1992/2/2	10土木工程1	团员	土木工程	lixiaogu@163.com	
20100009	卢玉婷	女	1992/1/30	10电子	党员	电子工程	luyuting@qq.com	
20100010	王莎莎	女	1992/12/26	10商务英语	群众	商务英语	shashawang@126.cc	
20100011	李波	男	1992/6/25	10土木2	群众	土木工程	libo@sina.com	
20100012	姚俊	女	1991/3/18	10电子商务	党员	电子商务方向	yaojun@sohu.com	
20100013	周夏美	女	1992/8/9	10商务英语	群众	商务英语	zmxia@126.com	
20100014	段文广	男	1991/5/5	10会计电算化	群众	会计电算化	duanwguan@qq.com	
20100015	马一鸣	男	1992/10/10	10电子	党员	电子工程	mayimin@sina.com	
20100016	马柯	男	1992/2/28	10会计电算化	群众	会计电算化	make@163.com	
20100017	张鹏	男	1992/3/19	10土木2	团员	土木工程	zhangpeng@126.com	
20100018	田秀丽	女	1991/12/21	10电子商务	党员	电子商务方向	tianxli@sina.com	
20100019	王英	女	1992/1/10	10土木工程1	党员	土木工程	wangying@163.com	
20100020	袁杨	女	1991/12/30	10商务英语	群众	商务英语	yuanyang@sohu.com	

记录: 第1项(共20项) 无筛选器 搜索

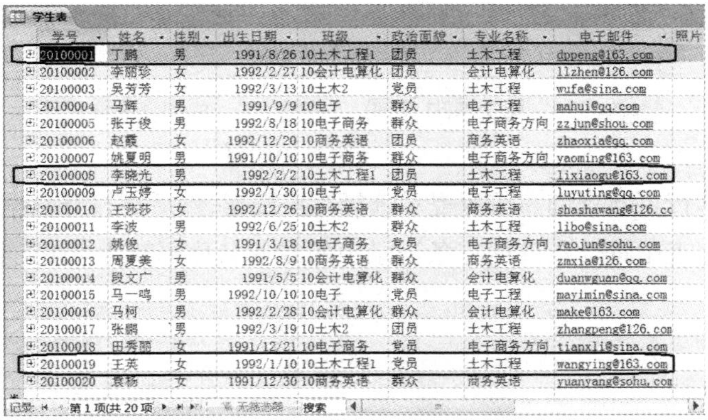

图3-49　更新后的数据表

Access
数据库
技术及
应 用
情 境
教 程

Access
SHUJUKU
JISHUJI
YINGYONG
QINGJING
JIAOCHENG

108

【设计过程】

(1)打开设计视图,添加数据库表"学生表"到设计视图。在"设计"选项卡中单击"更新查询"按钮,按照图3-50所示将"班级"字段拖入字段行,在条件行中输入"10土木1",在"更新到"行中输入"10土木工程1"。

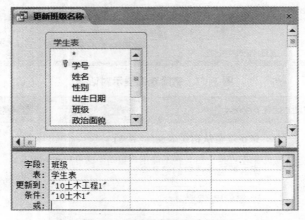

图3-50 更新查询设计视图

(2)保存更新查询,单击"视图类型"切换到"数据表视图",看到符合条件的记录,如图3-51所示。

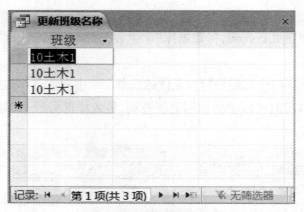

图3-51 更新查询结果

(3)保存并运行更新查询。按照提示选择"是"按钮,然后在打开数据库表对象中打开"学生表",已经将表中符合条件的三条记录中的专业名称更新为"10土木工程1"了,如图3-49所示。

【实战演练】

1. 利用生成表查询创建"教师表备份"数据表,"教师表备份"的字段与"教师表"的字段相同，如表3.6所示。

表3.6　生成表查询结构

字　段	教师编号	姓　名	性　别	年　龄	学　历	职　称	系　别	课程名称
表	教师表	教师表	教师表	教师表	教师表	教师表	教师表	课程表
总计	Group by	Group by	Group by	Group by	Group by	Group by	Group by	Group by
排序								
显示	√	√	√	√	√	√	√	√
条件								

2. 利用生成表查询创建"教授和副教授信息"数据表，生成表查询结构如表3.7所示。

3. 利用追加查询将"教师备份"数据表中的女助教记录追加到"教授和副教授信息"数据表中，追加查询的结构与表3.6相同。

4. 利用删除查询将"教授和副教授信息"数据表中的女副教记录删除。

5. 利用更新查询将"教师表备份"数据表中"工作时间"在2000年以前的副教授更新为"教授"，更新查询如表3.7所示。

表3.7　更新查询结构

字段	表达式1：year([工作时间])	职称
表	教师表备份	教师表备份
更新到		"教授"
条件	<=2000	"副教授"

【任务评价】

任务5　使用SQL语句创建查询

【任务引导】

本教材介绍创建查询的方法中，作为普通用户，使用设计查询是最便利的方法。但

Access
数据库
技术及
应　用
情　境
教　程

Access
SHUJUKU
JISHUJI
YINGYONG
QINGJING
JIAOCHENG

110

是,在创建查询时,并不是所有的查询都可以在设计视图中进行,有些查询只能通过 SQL 语句来实现。如查询"学生成绩表"中总分前三名的学生信息,只能用 SQL 语句来实现。SQL 查询是使用 SQL 语句在 SQL 视图中创建查询的方法,所有的查询都可以使用 SQL 查询来实现。用其他方法创建的查询都会在 SQL 视图中自动写入 SQL 语句,这为 SQL 初学者提供了便利,但自动写入的 SQL 语句是比较繁琐的。

SQL 是 Structured Query Language 的英文缩写,意思是结构化查询语言。SQL 是在数据库系统中应用广泛的数据库查询语言,它包括数据定义、查询、操作和控制 4 种功能。SQL 语言简单,功能强大,使用方便,但使用者必须熟悉 SQL 语言。

常用的 SQL 查询语句包括 Select、Insert、Update、Create、Drop 等。其中最常用的是 Select 语句,它是 SQL 语言的核心语句。

【知识储备】

知识点1　SQL查询的操作方法

(1)在数据库窗口的"创建"选项卡中,单击"查询"组的"设计查询"按钮,打开设计视图,关闭弹出的"显示表"对话框。

(2)在"设计"选项卡中单击"SQL 视图"按钮,进入 SQL 视图,在编辑区中输入 SQL 语句。

(3)当 SQL 语句编写完成后,切换到"数据表视图"查看查询结果,最后保存 SQL 查询。

知识点2　Select语句

Select 语句的语法格式如下:

Select[谓词]<字段列表>|<目标表达式>|<函数>[AS 别名]

From 表名

[Where 条件…]

[Group By 字段名]

[Having 分组条件]

[Order By 字段名[Asc|Desc]]

Select 语句各部分的含义如下:

(1)方括号[ ]中内容为可选项,尖括号<>中内容为必选项。

(2)谓词:为 All、Distinct 或 Top,用于查询返回记录数的范围。All 表示所有记录,当没有指定谓词时,默认值为 All;Distinct 表示去掉查询结果中指定字段的重复值,显示不重复值;Top n 表示查询中前 n 条记录。

(3)字段列表:显示的字段名,当多个字段时,字段名之间用英文的逗号","分隔;如果字段在不同的表中使用相同的字段名时,则显示的字段名前要加上表名,以说明是来自哪个表,表名和字段名之间用英文的句号"."分隔。

（4）函数:进行查询计算的聚合函数。

（5）别名:用来作为计算字段的字段名或重命名的字段名。

（6）From:指出数据源表,如果有多个数据源表,要写出每个表的表名,表名之间用逗号","分隔。

（7）Where:可选项,指明查询条件。

（8）Group By:可选项,按列进行分组。

（9）Having:可选项,用来指定分组时的条件。

（10）Order By:可选项,指明排序的字段和排序方式,其中Asc为递增,Desc为递减,默认为递增。

知识点3　SQL查询中Select语句的基本规则

（1）Select语句中最少要有Select、字段列表和From三项,且顺序不能颠倒,后面有子句时,子句的顺序也不能混乱。

（2）Select语句中的符号必须在英文输入法状态下输入。

（3）各项之间至少要用一个空格隔开,为了语句层次清晰,最好使用前面介绍的标准格式书写。

（4）在设计视图中,当计算或条件中有字段名时要用方括号,但在SQL语句中,字段名可不用方括号。

知识点4　Insert语句

Insert语句用于向表中添加新记录,并给新记录赋值。有以下两种类型:

（1）向表中添加一条记录,并为相应字段赋值。

语句的语法格式:

Insert Into<表名>[（字段1[,字段2],…）]

Values（[常量1[,常量2],…])

Into后的内容是指出要添加新记录的表名和字段名列表,Values后的内容是指输入新记录相应字段的值,如果省略前面的字段名列表,会按照表原先设计的字段顺序赋值。如向"选课表"中添加一条记录为:Insert Into选课表（学号,课程号,成绩,教师编号）Values（"20100011","C001",82,"620001"）。

（2）向表中添加一批符合条件的记录,添加的记录是由一个Select语句生成的。

语句的语法格式:

Insert Into<表名>[（字段1[,字段2],…）]

Select查询字段1[,查询字段2[,…]]

Access
数据库
技术及
应 用
情 境
教 程

Access
SHUJUKU
JISHUJI
YINGYONG
QINGJING
JIAOCHENG

112

From 表名列表

知识点5　Update 语句

Update 语句用于修改表的记录。

语句的语法格式：

Update<表名>set<字段名1>=<表达式1>[<字段名2><表达式2>][,…]

[Where <条件>]

其中，Update 子句指出进行记录修改的表的名称，Set 子句指出将被修改的列对应的新值，Where 为条件。

知识点6　Delete 语句

Delete 语句用于删除表中的记录。

语句的语法格式：

Delete From <表名> [Where <条件>]

【工作任务】

SQL 查询是 Access 数据库中重要的查询，用它可以很方便灵活地创建所有的查询，使用 Select 语句创建 SQL 查询，需在 SQL 视图中进行。

【案例3-15】创建 SQL 查询，显示教师表中的系别。

【案例效果】图 3-52 所示是教师所在系别的 SQL 查询。通过本案例可以学会使用 Select 语句创建基本的 SQL 查询，并会使用 Distinct 项去掉重复数据。

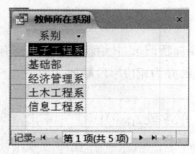

图 3-52　教师表中的系别

【设计过程】

（1）在 SQL 视图中输入图 3-53 所示的语句。

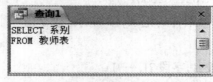

图 3-53　教师所在系别查询的 SQL 视图

（2）单击"查询视图"按钮切换到数据表视图查看查询结果，如图3-54所示。

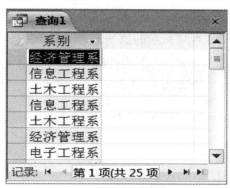

图3-54　教师所在系别数据表视图

（3）图3-54中有重复项，添加distinct语句去掉重复数据，SQL视图如图3-55所示，查询结果如图3-52所示。

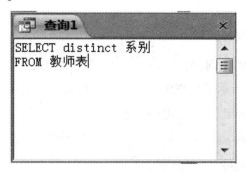

图3-55　添加distinct语句的SQL视图

【案例3-16】创建SQL查询，显示教师表中的1994年前参加工作的教授的姓名、性别、工作时间、学历、职称5个字段。

【案例效果】图3-56所示是用SQL查询创建的在1994年以前参加工作的教授。通过本案例可以学会创建带条件子句的SQL查询。

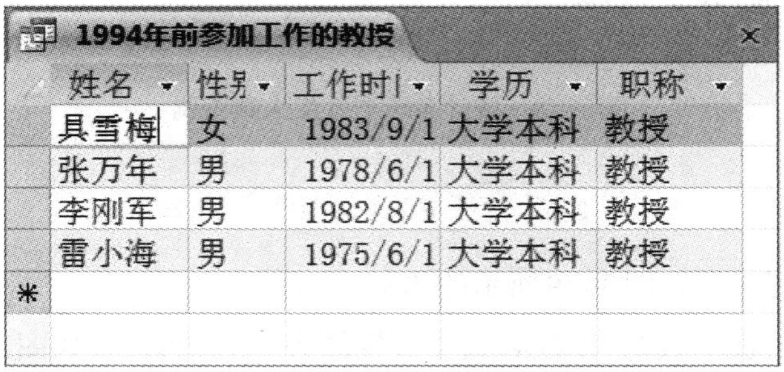

姓名	性别	工作时间	学历	职称
其雪梅	女	1983/9/1	大学本科	教授
张万年	男	1978/6/1	大学本科	教授
李刚军	男	1982/8/1	大学本科	教授
雷小海	男	1975/6/1	大学本科	教授

图3-56　1994年以前参加工作的教授

Access
数据库
技术及
应 用
情 境
教 程

Access
SHUJUKU
JISHUJI
YINGYONG
QINGJING
JIAOCHENG

114

【设计过程】

(1)在SQL视图中输入图3-57所示的语句。

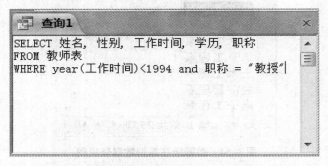

图3-57　1994年前参加工作的教授的SQL视图

(2)单击"查询视图"按钮,切换到数据表视图查看查询结果,如图3-56所示,保存查询。

【案例3-17】创建SQL查询,统计学生表中各班男女生人数。

【案例效果】图3-58所示是用SQL查询创建的统计学生表中各班男女生人数。通过本案例可以学会创建带分组子句的SQL查询。

班级	性别	男女生人数
10电子	男	2
10电子	女	1
10电子商务	男	2
10电子商务	女	2
10会计电算化	男	2
10会计电算化	女	1
10商务英语	女	4
10土木2	男	2
10土木2	女	1
10土木工程1	男	2
10土木工程1	女	1

记录: ⏮ ◀ 第1项(共11项) ▶ ⏭　🔽无筛选器　搜索

图3-58　统计各班男女生人数查询

【设计过程】

(1)在SQL视图中输入图3-59所示的语句。

(2)单击"查询视图"按钮,切换到数据表视图查看查询结果,如图3-58所示,保存查询。

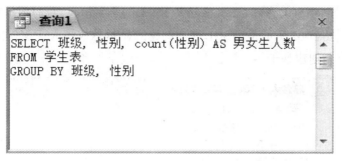

图 3-59 统计各班男女生人数 SQL 查询

【案例3-18】创建 SQL 查询，显示学生成绩等信息。

【案例效果】图 3-60 所示是用 SQL 查询创建的显示学生成绩信息。通过本案例可以学会基于多个数据源表创建 SQL 查询的方法。

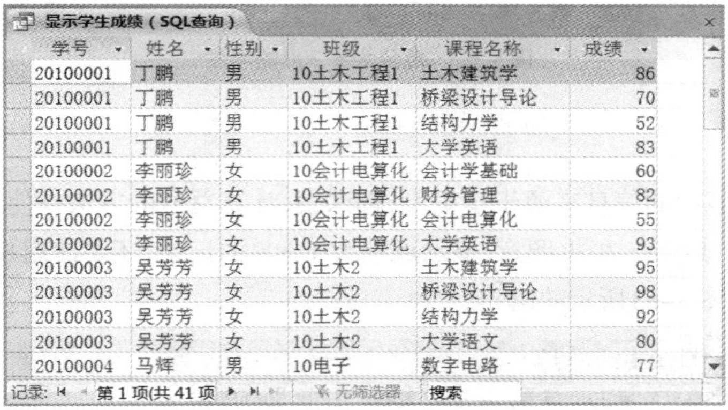

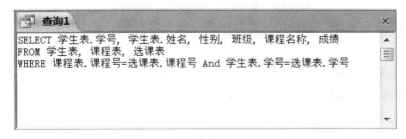

图 3-60 使用 SQL 创建的学生成绩查询

【设计过程】

（1）此查询显示的信息来源于学生表、选课表和课程表三个表，在 SQL 视图中输入图 3-61 所示的语句。

```
SELECT 学生表.学号, 学生表.姓名, 性别, 班级, 课程名称, 成绩
FROM 学生表, 课程表, 选课表
WHERE 课程表.课程号=选课表.课程号 And 学生表.学号=选课表.学号
```

图 3-61 学生成绩查询 SQL 视图

（2）单击"查询视图"按钮，切换到数据表视图查看查询结果，如图 3-60 所示，保存查询。

Access
数据库
技术及
应　用
情　境
教　程

Access
SHUJUKU
JISHUJI
YINGYONG
QINGJING
JIAOCHENG

116

【案例3-19】创建SQL查询,显示总分大于300的学生信息,且总成绩按降序排列。

【案例效果】图3-62所示是用SQL查询创建的显示总成绩大于300的学生信息。通过本案例可以学会创建基于多个数据源表,且带分组条件和排序子句的SQL查询。

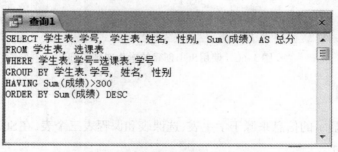

图3-62　总分大于300的学生

【设计过程】

(1)此查询显示的信息来源于学生表、选课表,计算总分的方法是使用聚合函数,函数名称为:SUM(成绩)。根据题意,显示成绩大于300的记录,还要使用Having子句。在SQL视图中输入图3-63所示的语句。

```
查询1                                              ×
SELECT 学生表.学号, 学生表.姓名, 性别, Sum(成绩) AS 总分
FROM 学生表, 选课表
WHERE 学生表.学号=选课表.学号
GROUP BY 学生表.学号, 姓名, 性别
HAVING Sum(成绩)>300
ORDER BY Sum(成绩) DESC
```

图3-63　总分大于300的学生SQL视图

(2)单击"查询视图"按钮,切换到数据表视图查看查询结果,如图3-62所示,保存查询。

【提示】如果有分组子句时,字段列表中的字段名为分组子句(Group By)后面的字段名,或用聚合函数计算而得的字段名。

【案例3-20】创建SQL INSERT查询,向选课表中添加一行记录:学号=20100011,课程号=C001,成绩=82,教师编号=620001。

【案例效果】图3-64所示是用SQL INSERT查询添加了一条记录到选课表中。通过本案例可以学会向表中添加一条记录。

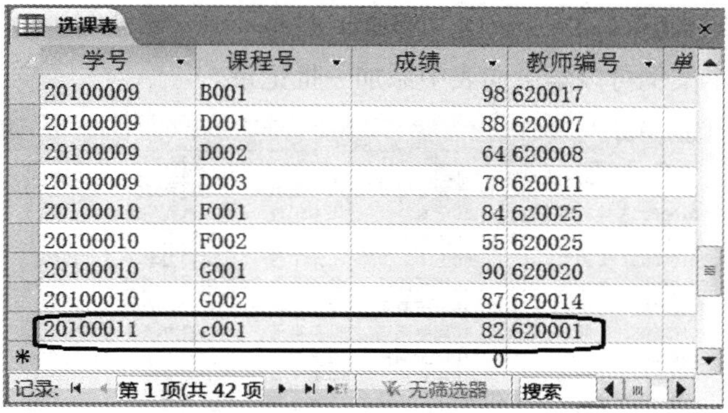

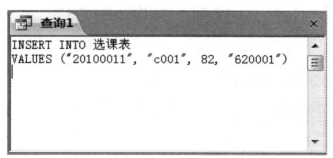

图3-64 选课表中添加一条记录

【设计过程】

（1）在SQL视图中输入图3-65所示的语句。

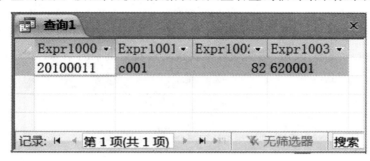

图3-65 Insert视图

（2）单击"查询视图"按钮，切换到数据表视图查看查询临时结果，如图3-66所示。

图3-66 Insert查询临时结果

（3）保存并按提示运行查询，打开选课表，如图3-64所示，已在表的末尾添加了一行记录。

Access
数据库
技术及
应用
情境
教程

Access
SHUJUKU
JISHUJI
YINGYONG
QINGJING
JIAOCHENG

118

【案例3-21】创建SQL INSERT查询,将成绩等于90的学生信息添加到"成绩大于90"表中,因为"成绩大于90"表中不包括成绩等于90的学生。

【案例效果】图3-67所示是用SQL INSERT查询添加了成绩等于90的记录到成绩大于90表中。通过本案例可以学会向表中添加一批记录。

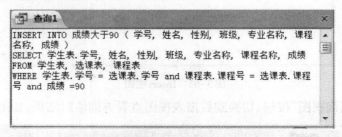

图3-67　成绩等于90的记录插入学生成绩表

【设计过程】

(1)在SQL视图中输入图3-68所示的语句。

```
INSERT INTO 成绩大于90 ( 学号, 姓名, 性别, 班级, 专业名称, 课程
名称, 成绩 )
SELECT 学生表.学号, 姓名, 性别, 班级, 专业名称, 课程名称, 成绩
FROM 学生表, 选课表, 课程表
WHERE 学生表.学号 = 选课表.学号 and 课程表.课程号 = 选课表.课程
号 and 成绩 =90
```

图3-68　插入成绩等于90的学生信息到"成绩大于90"表中的SQL视图

(2)单击"查询视图"按钮,切换到数据表视图查看查询临时结果,如图3-69所示。

图3-69　SQL INSERT临时结果

(3)保存并按提示运行查询,打开"成绩大于90"表,如图3-67所示,已在表的末尾添

加了5条记录,与图3-69中的内容相符。

【案例3-22】创建SQL UPDATE查询,将"成绩大于90"表中马辉的成绩加5分。

【案例效果】图3-70所示是用SQL UPDATE将"成绩大于90"表中马辉的成绩增加5分。通过本案例可以学会使用UPDATE更新数据。

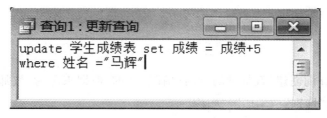

成绩大于90						
学号	姓名	性别	班级	专业名称	课程名称	成绩
20100002	李丽珍	女	10会计电算化	会计电算化	大学英语	93
20100003	吴芳芳	女	10土木2	土木工程	土木建筑学	95
20100003	吴芳芳	女	10土木2	土木工程	桥梁设计导论	98
20100003	吴芳芳	女	10土木2	土木工程	结构力学	92
20100005	张子俊	男	10电子商务	电子商务方向	数据库应用	94
20100005	张子俊	男	10电子商务	电子商务方向	就业与创业	91
20100006	赵霞	女	10商务英语	商务英语	投资方法导论	95
20100007	姚夏明	男	10电子商务	电子商务方向	投资方法导论	94
20100008	李晓光	男	10土木1	土木工程	大学英语	93
20100008	李晓光	男	10土木1	土木工程	就业与创业	91
20100009	卢玉婷	女	10电子	电子工程	大学英语	
20100004	马辉	男	10电子	电子工程	电工技术	95
20100004	马辉	男	10电子	电子工程	思想道德修养	95
20100006	赵霞	女	10商务英语	商务英语	大学语文	90
20100007	姚夏明	男	10电子商务	电子商务方向	大学语文	90
20100010	王莎莎	女	10商务英语	商务英语	就业与创业	90

记录: ◄ ◄ 第1项(共16项) ► ►◄   无筛选器   搜索

图3-70　马辉的成绩增加了5分的"成绩大于90"表

【设计过程】

(1)在SQL视图中输入图3-71所示的语句。

```
查询1:更新查询
update 学生成绩表 set 成绩 = 成绩+5
where 姓名 ="马辉"|
```

图3-71　使用UPDATE的SQL视图

(2)保存并按照提示运行查询,打开"成绩大于90"表,如图3-70所示。与图3-67比较,已将成绩大于90表中马辉的成绩更改为95分。

【案例3-23】创建SQL DELETE查询,将"成绩大于90"表中马辉的记录删除。

【案例效果】图3-72所示是用SQL DELETE将"成绩大于90"表中马辉的记录删除。通过本案例可以学会使用DELETE语句删除表中的记录。

Access
数据库
技术及
应用
情境
教程

Access
SHUJUKU
JISHUJI
YINGYONG
QINGJING
JIAOCHENG

120

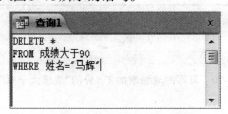

学号	姓名	性别	班级	专业名称	课程名称	成绩
20100002	李丽珍	女	10会计电算化	会计电算化	大学英语	93
20100003	吴芳芳	女	10土木2	土木工程	土木建筑学	95
20100003	吴芳芳	女	10土木2	土木工程	桥梁设计导论	98
20100003	吴芳芳	女	10土木2	土木工程	结构力学	92
20100005	张子俊	男	10电子商务	电子商务方向	数据库应用	94
20100005	张子俊	男	10电子商务	电子商务方向	就业与创业	91
20100006	赵霞	女	10商务英语	商务英语	投资方法导论	95
20100007	姚夏明	男	10电子商务	电子商务方向	投资方法导论	94
20100008	李晓光	男	10土木1	土木工程	大学英语	93
20100008	李晓光	男	10土木1	土木工程	就业与创业	91
20100009	卢玉婷	女	10电子	电子工程	大学英语	98
20100006	赵霞	女	10商务英语	商务英语	大学语文	90
20100007	姚夏明	男	10电子商务	电子商务方向	大学语文	90
20100010	王莎莎	女	10商务英语	商务英语	就业与创业	90

图3-72　删除了马辉的记录的学生成绩表

【设计过程】

（1）在SQL视图中输入图3-73所示的语句。

```
DELETE *
FROM 成绩大于90
WHERE 姓名="马辉"
```

图3-73　使用Delete的SQL视图

（2）保存并按照提示运行查询，打开"成绩大于90"表，如图3-72所示，从中可以看出表中已经删除了马辉的记录。

【实战演练】

1. 使用SQL查询创建"教师学历、职称情况"查询，数据来源为"教师表"，字段为"教师编号"、"姓名"、"性别"、"学历"、"职称"。

2. 使用SQL查询创建"出生在1992年的学生信息"，数据来源为"学生表"，字段为"学号"、"姓名"、"性别"、"出生日期"、"班级"。

3. 使用SQL查询创建"统计各系教师人数"，数据来源为"教师表"，字段为"系别"、"人数"。

4. 使用SQL查询创建"出生日期在1992年学生选课信息"，数据来源为"学生表"、"课程表"、"选课表"，字段为"学号"、"姓名"、"性别"、"课程名"、"出生日期"。

提示：条件Where 学生表.学号=选课表.学号 And 课程表.课程号=选课表.课程号

And Year([出生日期])=1992。

5. 使用SQL查询创建"平均成绩大于80的学生信息",数据来源为"学生表"、"课程表"、"选课表",字段为"学号"、"姓名"、"性别"、"平均"。

6. 使用SQL Insert查询创建"插入一条学生信息",数据来源为"学生表",学生信息为学号:420026;姓名:李丽;出生日期:1991/12/1;班级:土木2;政治面貌:党员;专业:土木工程。

7. 使用SQL Update查询,为土木2班的每个学生成绩减2分。

8. 使用SQL Delete查询,删除学生表中"出生日期"为1991年的学生信息。

【任务评价】

【习题】

一、选择题

1. 下列查询类型中,会改变数据源的是(   )。

    A. 参数查询　　　　　B. 交叉表查询　　　　　C. 操作查询　　　　　D. 选择查询

2. 使用查询向导,不可以创建(   )。

    A. 单表查询　　　　　B. 多表查询　　　　　C. 带条件查询　　　　D. 不带条件查询

3. Access 2010中的基本查询类型是(   )。

    A. 选择查询　　　　　B. 交叉表查询　　　　C. 参数查询　　　　　D. 操作查询

4. 如果想要查询所有姓"李"的职工记录,在准则中应输入(   )。

    A. "LIKE 李*"　　　B. "LIKE 李#"　　　C. "LIKE 李?"　　　D. LIKE "李*"

5. 通过信息让用户输入检索表中数据的条件,这时应该创建(   )。

    A. 选择查询　　　　　B. 参数查询　　　　　C. 操作查询　　　　　D. SQL查询

6. 下列关于条件的说法中,(   )是错误的。

    A. 日期/时间类型数据的定界符为#。

    B. 文本类型数据的定界符为""。

Access
数据库
技术及
应用
情境
教程

Access
SHUJUKU
JISHUJI
YINGYONG
QINGJING
JIAOCHENG

122

C. 数据类型数据的定界符为[ ]。

D. 同行之间为逻辑"与"关系,不同行之间为逻辑"或"关系。

7. 若要查询成绩为80—90分之间(包括80和90)的学生信息,查询条件设置正确的是( )。

    A. >=80 OR <=90   B. Between 80 and 90   C. >69 OR <90   D. IN(80,90)

8. 若要查询成绩大于80的男生记录和成绩大于70的女生记录,查询条件设置正确的是( )。

    A. 男 and >80 or 女 and>70

    B. 性别="男" or >80 and 性别="女" or >70

    C. 性别="男" and 成绩>80 or 性别="女" and 成绩>70

    D. 性别="男" and >80 or 性别="女" and>70

9. 操作查询不包括下面哪种查询( )。

    A. 追加查询   B. 删除查询   C. 更新查询   D. 参数查询

10. 主窗体和子窗体通常用于显示多个表或查询中的数据,这些表或查询中的数据一般应该具有( )关系。

    A. 一对一   B. 一对多   C. 多对多   D. 关联

11. 创建一个交叉表查询,在交叉表行上有且只能有一个的是( )。

    A. 行标题和值   B. 列标题和值

    C. 行标题和列标题   D. 行标题、列标题和值

12. SQL语句中,用来指定对选定的字段进行排序的子句是( )。

    A. WHERE   B. ORDER BY   C. GROUP BY   D. HAVING

13. 在 Access 的"学生"表中有"学号"、"姓名"、"性别"和"入学成绩"四个字段。有以下 SELECT 语句:SELECT 性别,AVG(入学成绩),FROM 学生 GROUP BY 性别,其功能是( )。

    A. 计算并显示所有学生入学成绩的平均值

    B. 按性别分组计算并显示所有学生入学成绩的平均值

    C. 计算并显示所有学生的性别和入学成绩的平均值

    D. 按性别分组计算并显示男女学生入学成绩的平均值

14. 下列关于SQL语句的说法中,错误的是( )。

    A. INSERT 语句可以向表中追加新记录

    B. UPDATE 语句可以更新数据表中已有的数据

    C. DELETE 语句用来删除数据表中已有的数据

    D. DROP 语句用来删除表中的某些字段

15. 再查询中要统计记录的个数,应使用的函数是(　　)。

    A. SUM   B. COUNT   C. AVG   D. MAX

二、填空题

1. 交叉表查询中,必须指定＿＿＿＿和＿＿＿＿,并需在＿＿＿＿处显示其字段值。

2. 要修改一个查询,需在＿＿＿＿＿＿＿视图中进行。

3. 要查询"出生日期"在1980年以前的职工,应输入表达式＿＿＿＿＿＿＿＿＿＿＿＿。

4. 参数查询可以在执行时显示一个对话框以提示用户输入信息,这个提示信息必须要用＿＿＿＿＿＿＿＿括起来。

5. 操作查询的4种类型是＿＿＿＿＿、＿＿＿＿＿、＿＿＿＿＿、＿＿＿＿＿。

6. 通过表中的出生日期要计算出学生的年龄,需输入表达式＿＿＿＿＿＿＿＿。

7. 在SQL的SELECT语句中,用来实现选择运算的短语是＿＿＿＿＿＿＿。

8. 创建交叉表查询,必须对行标题和＿＿＿＿＿＿进行分组操作。

9. 将表A中的记录追加到表B中,要求保持表B中原有的记录,可以使用的查询是＿＿＿＿＿＿＿＿。

10. 若要查找最近20天之内参加工作的职工记录,查询条件为＿＿＿＿＿＿＿＿＿＿。

学习情境四

窗体的创建与使用

情境描述

本情境要求学生了解窗体的功能、类型及视图;学会使用向导创建窗体的方法;学会在设计视图中应用各种控件创建窗体、修改窗体布局、设置窗体属性的方法;学会创建切换面板的方法。本情境参考学时为8学时。

学习目标

学会利用向导创建窗体。

学会利用设计视图创建窗体。

学会使用窗体中的控件及修改窗体布局。

学会创建切换面板窗体和导航窗体。

工作任务

任务1　认识窗体

任务2　创建窗体

任务3　在窗体中使用控件

任务4　修饰窗体

任务5　定制系统控制窗体

学习情境四　窗体的创建与使用

任务1　认识窗体

【任务引导】

窗体是 Access 数据库的重要对象之一,它既是管理数据库的窗口,也是用户与数据库交互的桥梁。通过窗体可以输入、编辑、显示和查询数据。利用窗体可以将数据库中的对象组织起来,形成一个功能完整、风格统一的数据库应用系统。窗体本身并不存储数据,但应用窗体可以直观、方便地对数据库中的数据进行输入、修改和查看。窗体中包含了多种控件,通过这些控件可以打开报表或其他窗体、执行宏或 VBA 编写的代码程序。在一个数据库应用程序开发完成后,对数据库的所有操作都可以通过窗体这个界面来实现。因此,窗体也是一个应用系统的组织者。

Access
数据库
技术及
应 用
情 境
教 程

Access
SHUJUKU
JISHUJI
YINGYONG
QINGJING
JIAOCHENG

128

【知识储备】

知识点1　窗体的作用

窗体是应用程序和用户之间的接口,是创建数据库应用系统最基本的对象。通常有数据源的窗体中包括两类信息。一类是设计者在设计窗体时附加的一些提示信息,例如,一些说明性的文字或一些图形元素,这些信息对数据表中的每一条记录都是相同的,不随记录而变化。另一类是所处理表或查询的记录,往往与所处理记录的数据密切相关,当记录内容变化时,这些信息也随之变化。例如,图4-1所示的"学生选课成绩"窗体中,"学生编号"、"姓名"、"性别"等是说明性文字,不随记录而变化;而"20100001"、"丁鹏"、"男"等是"学生"表中字段的具体值,查看的记录不同,值不同。利用控件可在窗体的信息和窗体的数据源之间建立链接。

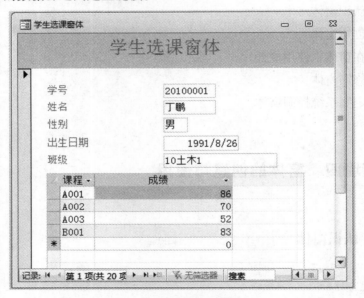

图4-1　"学生选课成绩"窗体

窗体的作用包括以下几个方面:

(1)输入和编辑数据。可以为数据库中的数据表设计相应的窗体作为输入或编辑数据的界面,实现数据的输入和编辑。

(2)显示和打印数据。在窗体中可以显示或打印来自一个或多个数据表或查询中的数据,可以显示警告或解释信息。窗体中数据显示的格式相对于数据表或查询更加自由和灵活。

(3)控制应用程序执行流程。窗体能够与函数、过程相结合,通过编写宏或VBA代码完成各种复杂的处理功能,可以控制程序的执行。

知识点2 窗体的类型

Access窗体有多种分类方法,通常按功能、按数据的显示方式和显示关系进行分类。

按功能可将窗体划分为数据操作窗体、控制窗体、信息显示窗体和交互信息窗体等4类。

(1)数据操作窗体。主要用来对表或查询进行显示、浏览、输入、修改等操作。数据操作窗体又根据数据组织和表现形式的不同分为单窗体、数据表窗体、分割窗体、多项目窗体、数据透视表窗体和数据透视图窗体。

(2)控制窗体。主要用来操作、控制程序的运行,它是通过选项卡、按钮、选项按钮等控件对象来响应用户请求的。

(3)信息显示窗体。主要用来显示信息,以数值或图表的形式显示信息。

(4)交互信息窗体。可以是用户定义的,也可以是系统自动产生的。由用户定义的各种信息交互式窗体可以接受用户输入、显示系统运行结果等;由系统自动产生的信息交互式窗体通常显示各种警告、提示信息,如数据输入违反有效性规则时弹出的警告。

知识点3 窗体的视图

在Access中窗体有6种视图,分别是窗体视图、数据表视图、数据透视表视图、数据透视图、布局视图和设计视图。最常用的是窗体视图、布局视图和设计视图。不同类型的窗体具有不同的视图类型,窗体在不同视图中完成不同的任务。窗体的不同视图之间可以进行切换。

(1)窗体视图。是最终面向用户的视图,是用于输入、修改或查看数据的窗口,设计过程用来查看窗体运行的效果,如图4-2所示。

图4-2 窗体视图

Access
数据库
技术及
应 用
情 境
教 程

Access
SHUJUKU
JISHUJI
YINGYONG
QINGJING
JIAOCHENG

130

（2）数据表视图。是显示数据的视图,同样也是完成窗体设计后的结果。"数据表视图",以表格形式显示表、窗体、查询中的数据,显示效果与表和查询对象的"数据表视图"相似,可用于编辑字段、添加和删除数据、查找数据等,如图4-3所示。在窗体的"数据表视图"中,可使用滚动条或利用"导航按钮"浏览记录,其方法与表和查询的"数据表视图"中浏览记录的方法相同。

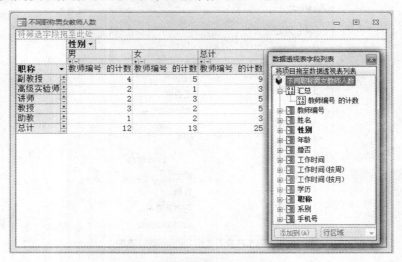

图4-3　窗体的数据表视图

（3）数据透视表视图。是使用"Office数据透视表"组件创建数据透视表窗体。在"数据透视表视图"中,可以动态更改窗体的版面布局,重构数据的组织方式,从而方便地以各种不同方法分析数据。这种视图是一种交互式的表,可以重新排列行标题、列标题和筛选字段,直到形成所需的版面布局。每次改变版面布局时,窗体会立即按照新的布局重新计算数据,实现数据的汇总、小计和总计,如图4-4所示。

图4-4　窗体的数据透视表窗体

（4）数据透视图视图。是使用"Office Chart组件"帮助用户创建动态的交互式图表。在"数据透视图视图"中，将表中的数据和汇总数据以图形化的方式直接显示出来，如图4-5所示。

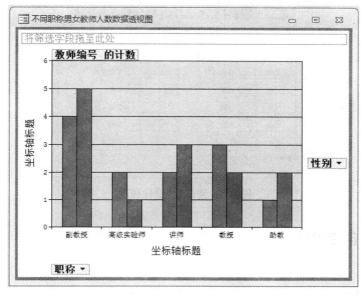

图4-5　窗体的数据透视图窗体

（5）布局视图。是Access 2010新增加的一种视图，主要用于调整和修改窗体设计。可以根据实际数据调整列宽，可以在窗体上放置新的字段，并设置窗体及其控件的属性，调整控件的位置和宽度等。窗体的布局视图界面与窗体视图界面几乎一样，区别仅在于在布局视图中各控件的位置可以移动，但不能添加控件。切换到"布局视图"后，可以看到窗体中的控件四周被虚线围住，表示这些控件可以调整位置和大小，如图4-6所示。在"布局视图"中，窗体处于运行状态，可在修改窗体的同时看到数据。

图4-6　窗体的布局视图

Access
数据库
技术及
应　用
情　境
教　程

Access
SHUJUKU
JISHUJI
YINGYONG
QINGJING
JIAOCHENG

132

(6)设计视图。是用于创建和修改窗体的窗口,如图4-7所示。在"设计视图"中不仅可以创建窗体,还可以调整窗体的版面布局,在窗体中添加控件、设置数据来源等。

图4-7　窗体的"设计视图"

任务2　创建窗体

【任务引导】

创建窗体有两种途径:一种是在窗体的"设计视图"中通过手工方式创建;另一种是使用Access提供的向导快速创建。数据操作类的窗体一般都能由向导创建,但这类窗体的版式是既定的,因此经常需要切换到设计视图进行调整和修改。控制类窗体和交互信息类窗体只能在"设计视图"下手工创建。

【知识储备】

知识点1　各按钮的功能

在Access 2010的"创建"选项卡的"窗体"组中,提供了多种创建窗体的功能按钮。其中包括"窗体"、"窗体设计"和"空白窗体"3个主要按钮,还有"窗体向导"、"导航"和"其他窗体"3个辅助按钮,如图4-8所示。

图4-8　"窗体"组

单击"导航"和"其他窗体"按钮,还可以展开下拉列表,列表中提供了创建特定窗体的方式,如图4-9和图4-10所示。

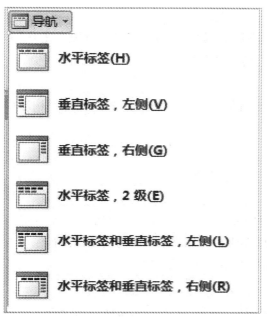

图4-9 "导航"按钮下拉列表　　　　图4-10 "其他窗体"按钮下拉列表

(1)窗体。是一种快速地创建窗体的工具,只需要单击一次鼠标便可以利用当前打开(或选定)的数据源(表或者查询)自动创建窗体。

(2)窗体设计。单击该按钮,可以进入窗体的"设计视图"。

(3)空白窗体。是一种快捷的窗体构建方式,可以创建一个空白窗体,在这个窗体上能够直接从字段列表中添加绑定型控件。

(4)窗体向导。是一种辅助用户创建窗体的工具。通过提供的向导,建立基于一个或多个数据源的不同布局的窗体。

(5)导航。用于创建具有导航按钮的窗体,也称为导航窗体。导航窗体有6种不同的布局格式,但创建方式是相同的。导航工具更适合于创建Web形式的数据库窗体。

(6)其他窗体。可以创建特定窗体,包含"多个项目"窗体、"数据表"窗体、"分割窗体"、"模式对话框"窗体、"数据透视图"窗体和"数据透视表"窗体。"多个项目"利用当前打开(或选定)的数据源创建表格式窗体,可以显示多个记录;"数据表"是利用当前打开(或选定)的数据源创建数据表形式的窗体;"分割窗体"可以同时提供数据的两种视图,窗体视图和数据表视图,两种视图连接到同一个数据源,并且总是相互保持同步,如果在窗体的某个视图中选择了一个字段,则在窗体的另一个视图中选择相同的字段;"模式对话框"创建带有命令按钮的对话框窗体,该窗体总是保持在系统的最上面,如果没有关闭

Access
数据库
技术及
应 用
情 境
教 程

Access
SHUJUKU
JISHUJI
YINGYONG
QINGJING
JIAOCHENG

134

该窗体,则不能进行其他操作,登录窗体属于这种窗体;"数据透视图"是以图形的方式显示统计数据的窗体;"数据透视表"是以表格方式显示统计数据的窗体。

知识点2　自动创建窗体

Access提供了多种方法自动创建窗体。它们的基本步骤都是先打开(或选定)一个表或者查询,然后选用某种自动创建窗体的工具创建窗体。

1. 使用"窗体"按钮

使用"窗体"按钮创建的窗体,其数据源来自某个表或某个查询,窗体布局结构简单整齐。这种方法创建的窗体是一种显示单个记录的窗体。

2. 使用"多个项目"工具

"多个项目"即在窗体上显示多个记录的一种窗体布局形式。

3. 使用"分割窗体"工具

"分割窗体"是用于创建一种具有两种布局形式的窗体。窗体上方是单一记录纵栏式布局方式,窗体下方是多个记录数据表布局方式。这种分割窗体为浏览记录提供了方便,既可宏观上浏览多条记录,又可微观上明细地浏览某一条记录。

4. 使用"模式对话框"工具

使用"模式对话框"工具可以创建模式对话框窗体。这种形式的窗体是一种交互信息窗体,带有"确定"和"取消"功能的两个命令按钮。这类窗体的特点是其运行方式是独占的,在退出窗体之前不能打开或操作其他数据库对象。

知识点3　创建图表窗体

使用"其他按钮"工具可以创建数据透视表窗体和数据透视图窗体。这种窗体能以更加直观的图表方式显示记录和各种统计分析的结果。创建这类窗体时,第一步创建的只是窗体的半成品,需要通过选择填充有关信息完成第二步创建工作,进而完成整个窗体的创建。

1. 创建数据透视表窗体

数据透视表是一种特殊的表,用于进行数据计算和分析。

2. 创建数据透视图窗体

数据透视图是一种交互式的图表,其功能与数据透视表类似,只不过以图形化的形式来表现数据。数据透视图能较为直观地反映数据之间的关系。创建数据透视图窗体的方法与创建数据透视表窗体的方法相似。

知识点3　使用"空白窗体"按钮创建窗体

"空白窗体"按钮是Access 2010增加的新功能。使用"空白窗体"按钮创建窗体是在"布局视图"中创建数据表窗体。在使用"空白窗体"按钮创建窗体的同时,Access打开用于窗体的数据源表,用户可以根据需要将表中的字段拖到窗体上,从而完成创建窗体的工作。

知识点4 使用向导创建窗体

使用"窗体"按钮、"其他窗体"按钮等工具创建窗体虽然方便快捷，但是在内容和形式上都受到很大的限制，不能满足用户自主选择显示内容和显示方式的要求。因此，可以使用"窗体向导"创建窗体。使用"窗体向导"可以创建基于多个数据源的窗体，所建窗体称为主/子窗体。

1. 创建基于单个数据源的窗体。

2. 创建基于多个数据源的窗体。

【工作任务】

【案例4-1】 使用"窗体"按钮创建"教师"窗体。

【案例效果】 图4-11是使用"窗体"按钮创建的"教师"窗体。通过该案例的学习，可以学会使用"窗体"按钮创建窗体的方法。

图4-11 使用"窗体"按钮创建的"教师"窗体

【设计过程】

（1）打开"教学管理"数据库，在导航窗格中，选中"教师"表作为窗体的数据源。

（2）在功能区"创建"选项卡的"窗体"组中，单击"窗体"按钮，系统自动创建如图4-11所示的窗体。

【提示】 可以看到，在生成的主窗体下方有一个子窗体，显示了与"教师"表关联的子表"学生"表的数据，且是主窗体中当前记录关联的子表中的相关记录。

【案例4-2】 使用"多个项目"工具，创建"学生"窗体。

【案例效果】 图4-12是使用"多个项目"工具创建的"学生"窗体，通过该案例的学习可以学会使用"多个项目"工具创建窗体的方法。

Access
数据库
技术及
应　用
情　境
教　程

Access
SHUJUKU
JISHUJI
YINGYONG
QINGJING
JIAOCHENG

136

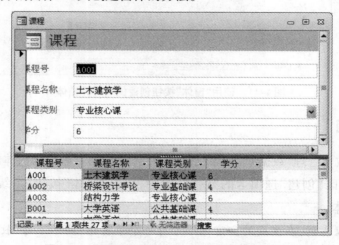

图4-12　使用"多个项目"工具创建的"学生"窗体

【设计过程】

(1)在导航窗格中,选中"学生"表。

(2)在"创建"选项卡的"窗体"组中,单击"其他窗体"按钮,在弹出的下拉列表中选择"多个项目"选项,系统自动生成如图4-12所示的窗体。

【案例4-3】使用"分割窗体"工具,创建"课程"窗体。

【案例效果】图4-13是使用"分割窗体"工具创建的"课程"窗体。通过该案例的学习可以学会使用"分割窗体"工具创建窗体的方法。

图4-13　使用"分割窗体"工具创建的"课程窗体"

【设计过程】

(1)导航窗格中,选中"课程"表。

(2)在"创建"选项卡的"窗体"组中,单击"其他窗体"按钮,在弹出的下拉列表中选择

"分割窗体"选项,系统自动生成如图4-13所示的窗体。

【提示】这种窗体特别适合于数据表中记录很多,又需要浏览某一条记录明细的情况。

【案例4-4】创建一个如图4-14所示的"模式对话框"窗体。

【案例效果】图4-14是使用"模式对话框体"工具创建的窗体。通过该案例的学习可以学会使用"模式对话框体"工具创建窗体的方法。

图4-14　用"模式对话框"工具生成的窗体

【设计过程】

(1)"创建"选项卡的"窗体"组中,单击"其他窗体"按钮。

(2)弹出的下拉列表中选择"模式对话框"选项,系统自动生成模式对话框窗体如图4-14所示。

【案例4-5】以"教师"表为数据源,创建计算各系不同职称人数的数据透视表窗体。

【案例效果】图4-15是使用"数据透视表"工具创建的窗体。通过该案例的学习可以学会使用"数据透视表"工具创建窗体的方法。

图4-15　数据透视表窗体

Access
数据库
技术及
应 用
情 境
教 程

Access
SHUJUKU
JISHUJI
YINGYONG
QINGJING
JIAOCHENG

138

【设计过程】

(1)在导航窗格中选中"教师"表。

(2)在"其他窗体"按钮的下拉列表中选择"数据透视表"选项,进入数据透视表的设计界面,如图4-16所示。

图4-16 "数据透视表"设计窗口

(3)将"数据透视表字段列表"中的"系别"字段拖至"行字段"区域,将"职称"字段拖至"列字段"区域,选中"教师编号"字段,在右下角的下拉列表中选择"数据区域",单击"添加到"按钮,如图4-17所示。

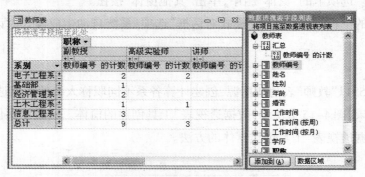

图4-17 "教师"数据透视表

【提示】可以看到在字段列表中生成了一个"汇总"字段,该字段的值是选中的"教师编号"字段的计数值,同时在数据区域产生了在"系别"(行字段)和"职称"(列字段)分组下有关"教师编号"的计数,也就是各系不同职称的人数。

创建数据透视表窗体需要理解组成数据透视表的各种元素和区域。数据透视表有两个主要元素,即"轴"和"数据透视表字段列表"。轴是"数据透视表"窗体中的一个区域,它可能包含一个或多个字段的数据。在用户界面中,因为可以向轴中拖放字段,所以也被称为"拖放区域"。数据透视表有4个主要轴,每个轴都有不同的作用。其中,"行字段"列在数据透视表的左侧,"列字段"列在数据透视表的上方,"筛选字段"是筛选数据透视表的字段,可以做进一步的分类筛选。"汇总或明细字段"显示在各行与各列交叉部分的字段,用于计算。"数据透视表字段列表"根据窗体的"记录源"属性来显示提供数据透视表使用的字段,当前选中或打开的数据源即新建窗体的"记录源"。

【案例4-6】以"教师"表为数据源,创建数据透视图窗体,统计并显示各系不同职称的人数。

【案例效果】图4-18是使用"数据透视图"工具创建的窗体。通过该案例的学习可以学会使用"数据透视图"工具创建窗体的方法。

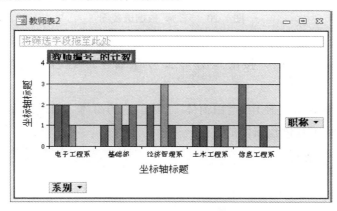

图4-18 "教师"数据透视图窗体

【设计过程】

(1)在导航窗格中选中"教师"表。

(2)在"其他窗体"按钮的下拉列表中选择"数据透视图"选项,进入数据透视图的设计界面,如图4-19所示。

图4-19 "数据透视图"设计窗口

(3)将"图表字段列表"中的"系别"字段拖至"分类字段"区域,将"职称"字段拖至"系列字段"区域,将"教师编号"字段拖至"数据字段"区域。

Access
数据库
技术及
应用
情境
教程

Access
SHUJUKU
JISHUJI
YINGYONG
QINGJING
JIAOCHENG

140

(4)关闭"图表字段列表"窗口,保存生成的数据透视图窗体,如图4-20所示。

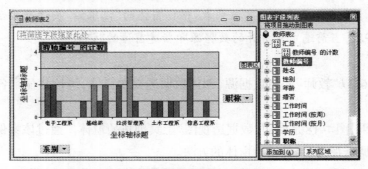

图4-20 "教师"数据透视图

【案例4-7】用"空白窗体"按钮,创建显示"学生编号"、"姓名"、"年龄"和"照片"的窗体。

【案例效果】图4-21是使用"空白窗体"工具创建的窗体。通过该案例的学习可以学会使用"空白窗体"工具创建窗体的方法。

图4-21 "学生"空白窗体

【设计过程】

(1)在"创建"选项卡的"窗体"组中,单击"空白窗体"按钮,打开"空白窗体",同时打开"字段列表"对话框。

(2)单击"字段列表"对话框中的"显示所有表"链接,单击"学生"表的左侧的"+",展开"学生"表所包含的字段,如图4-22所示。

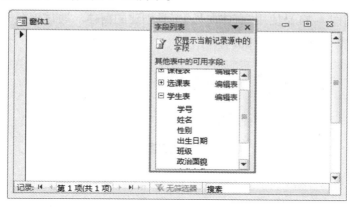

图4-22 "字段列表"对话框

(3)依次双击"学生表"中的"学号"、"姓名"、"出生日期"和"照片"字段。这些字段则被添加到空白窗体中,且立即显示"学生表"中的第一条记录。同时,"字段列表"对话框的布局从一个窗格变为两个小窗格:"可用于此视图的字段"和"相关表中的可用字段",如图4-23所示。

图4-23 添加字段后的"空白窗体"和"字段列表"对话框

(4)关闭"字段列表"对话框,调整控件布局,保存该窗体,窗体名称为"学生",生成的窗体如图4-21所示。

【提示】一般来说,当要创建的窗体只需要显示数据表中的某些字段时,用"空白窗体"按钮创建很方便。

【案例4-8】使用"窗体向导"创建"选课表"窗体,要求窗体布局为"纵栏表",窗体显

Access
数据库
技术及
应 用
情 境
教 程

Access
SHUJUKU
JISHUJI
YINGYONG
QINGJING
JIAOCHENG

142

示"选课表"的所有字段。

【案例效果】图4-24是使用"窗体向导"工具创建的窗体。通过该案例的学习可以学会使用"窗体向导"工具创建窗体的方法。

图4-24　窗体向导创建的选课成绩纵栏表窗体

【设计过程】

(1)打开"窗体向导"对话框。单击"创建"选项卡下"窗体"组中的"窗体向导"按钮，打开"窗体向导"的第1个对话框。

(2)选择窗体数据源。在"表／查询"的下拉列表中选中"选课表"，单击">>"按钮选择所有字段，设置结果如图4-25所示。单击"下一步"按钮，打开"窗体向导"第2个对话框。

图4-25　选定字段

(3)确定窗体的使用布局。在对话框右侧单选按钮组中选择"纵栏表"，如图4-26所示。单击"下一步"按钮，打开"窗体向导"最后一个对话框。

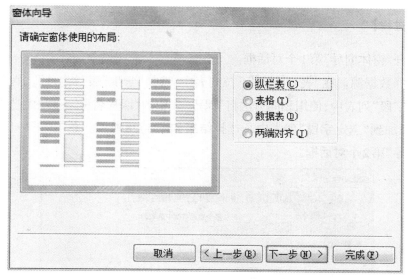

图4-26　选择布局

（4）在该对话框中，指定窗体名称为"选课成绩"，单击"完成"按钮。这时可以看到所建窗体，如图4-24所示。

【提示】使用"窗体向导"创建窗体后，系统自动为窗体命名。如果对此名称不满意，则可在关闭窗体后修改窗体名称。

【案例4-9】使用"窗体向导"创建窗体，显示所有学生的"学生编号"、"姓名"、"课程名称"和各类成绩。窗体名为"学生选课成绩"。

【案例效果】图4-27是使用"窗体向导"工具创建基于多个数据源的窗体。通过该案例的学习可以学会使用"窗体向导"工具创建主子窗体的方法。

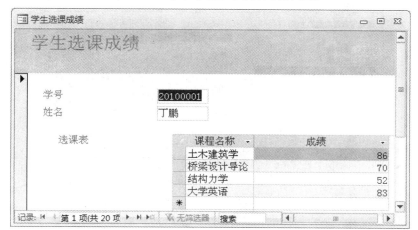

图4-27　窗体向导创建的学生选课主子窗体

Access
数据库
技术及
应　用
情　境
教　程

Access
SHUJUKU
JISHUJI
YINGYONG
QINGJING
JIAOCHENG

144

【设计过程】

(1)打开"窗体向导"第1个对话框。

(2)选择数据源。在"表／查询"下拉列表中,选择"学生"表,将"号"、"姓名"字段添加到"选定字段"列表中;使用相同方法将"课程"表中的"课程名称"字段和"选课表"中的成绩字段添加到"选定字段"列表中。选择结果如图4-28所示。单击"下一步"按钮,打开"窗体向导"第2个对话框。

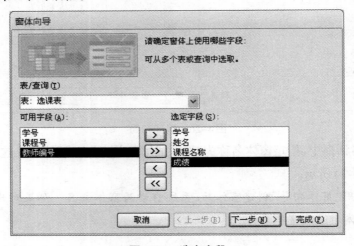

图4-28　选定字段

(3)确定查看数据的方式。选择"通过学生表"查看数据方式,单击"带有子窗体的窗体"单选按钮,设置结果如图4-29所示。单击"下一步"按钮,打开"窗体向导"第3个对话框。

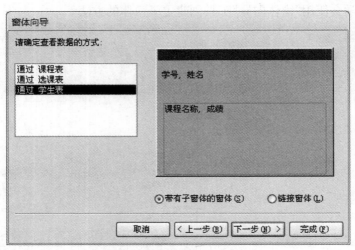

图4-29　选择查看数据的方式及子窗体形式

（4）指定子窗体所用布局。单击"数据表"单选按钮,如图4-30所示。单击"下一步"按钮,在打开的"窗体向导"的最后一个对话框中指定窗体名称及子窗体名称。

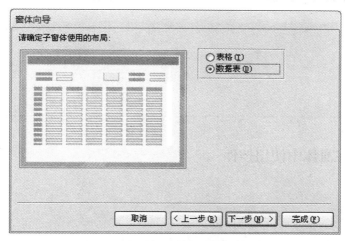

图4-30　确定子窗体使用的布局

（5）单击"完成"按钮,创建的窗体如图4-27所示。

【提示】在此例中,数据来源于两个表,且这两个表之间存在主从关系,因此选择不同的查看数据方式会产生不同结构的窗体。如果存在"一对多"关系的两个表都已经分别创建了窗体,则可将"多"端窗体添加到"一"端窗体中,使其成为子窗体。也可将"选课成绩"窗体直接拖拽到"学生"窗体的适当位置上完成主子窗体的创建。

【实战演练】

1. 以"学生表"为数据源,使用"窗体"按钮创建"学生"窗体。

2. 以"课程表"为数据源,使用"多个项目"工具,创建"课程"窗体。

3. 以"教师表"为数据源,使用"分割窗体"工具,创建"教师"窗体。

4. 创建一个"模式对话框"窗体。

5. 以"学生表"为数据源,创建计算各班男女生人数的数据透视表窗体。

6. 以"学生表"为数据源,创建计算各班男女生人数的数据透视图窗体。

7. 以"教师表"为数据源,用"空白窗体"按钮,创建显示"教师编号"、"姓名"、"职称"和"学历"的窗体。

8. 以"课程表"为数据源,使用"窗体向导"创建"课程"窗体,要求窗体布局为"纵栏表",窗体显示"课程表"的所有字段。

9. 以"学生表"、"课程表"、"选课表"和"教师表"四张表为数据源,使用"窗体向导"创建窗体,显示"学生编号"、"姓名"、"课程名称"、"课程号"、"成绩"及任课教师"姓名"和

Access
数据库
技术及
应　用
情　境
教　程

Access
SHUJUKU
JISHUJI
YINGYONG
QINGJING
JIAOCHENG

146

"教师编号"。窗体名为"学生选课成绩"。

【任务评价】

任务3　在窗体中使用控件

【任务引导】

在创建窗体的各种方法中,更多时候是使用窗体"设计视图"来创建窗体,这种方法更自主,更灵活。创建何种窗体依赖于实际需要,可以完全控制窗体的布局和外观,准确地将控件放到合适的位置,设置它们的格式以达到满意的效果。

【知识储备】

知识点1　窗体的设计视图

在导航窗格中,单击"创建"选项卡的"窗体"组中的"窗体设计"按钮,可以打开窗体的"设计视图"。

1. 设计视图的组成

窗体"设计视图"由5部分组成,每部分称为节,分别是主体、窗体页眉和窗体页脚、页面页眉和页面页脚,如图4-31所示。

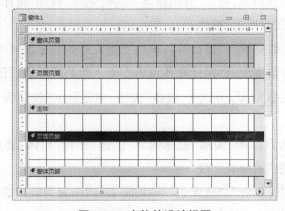

图4-31　窗体的设计视图

（1）窗体页眉。位于窗体顶部位置，一般用于设置窗体的标题、窗体使用说明或打开相关窗体及执行其他功能的命令按钮等。

（2）窗体页脚。位于窗体底部，一般用于显示对所有记录都要显示的内容、使用命令的操作说明等信息，也可以设置命令按钮，以便进行必要的控制。

（3）页面页眉。一般用来设置窗体在打印时的页头信息，例如，标题、用户要在每一页上方显示的内容。

（4）页面页脚。一般用来设置窗体在打印时的页脚信息，例如，日期、页码或用户要在每一页下方显示的内容。

（5）主体。通常用来显示记录数据，可以在屏幕或页面上只显示一条记录，也可以显示多条记录。

默认情况下，窗体"设计视图"只显示主体节，如图4-32所示。若要显示其他4个节，需要用鼠标右键单击主体节的空白区域，在弹出的快捷菜单中执行"窗体页眉/页脚"命令和"页面页眉/页脚"命令。

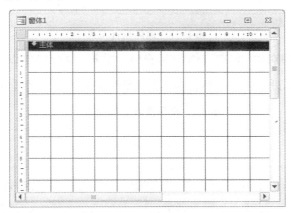

图4-32　默认方式下窗体的主体节

2."窗体设计工具"选项卡

打开窗体"设计视图"后，在功能区中会出现"窗体设计工具"选项卡，这个选项卡由"设计"、"排列"和"格式"3个子选项卡组成。其中，"设计"选项卡提供设计窗体时用到的主要工具，包括"视图"、"主题"、"控件"、"页眉／页脚"以及"工具"等5个组，如图4-33所示。5个组的基本功能如表4.1所示。

表4.1　5个组的基本功能

组名称	功能
视图	只有一个带有下拉列表的"视图"按钮。直接单击按钮，可切换窗体视图和布局视图，单击其下方下拉箭头，可以选择进入其他视图。

Access
数据库
技术及
应 用
情 境
教 程

Access
SHUJUKU
JISHUJI
YINGYONG
QINGJING
JIAOCHENG

148

组名称	功能
主题	可设置整个系统的视觉外观,包括"主题"、"颜色"和"字体"3个按钮。单击每一个按钮,均可以打开相应的下拉列表,在列表中选择命令进行相应的格式设置。
控件	是设计窗体的主要工具,由多个控件组成。限于空间的大小,在控件组中不能一屏显示出所有控件。单击"控件"组右侧下方的"其他"箭头按钮,可以打开控件对话框。
页眉/页脚	用于设置窗体页眉/页脚和页面页眉/页脚。
工具	提供设置窗体及控件属性等的相关工具,包括"添加现有字段"、"属性表"、"Tab键次序"等按钮。单击"属性表"按钮可以打开/关闭"属性表"对话框。

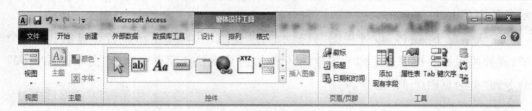

图4-33 窗体设计工具

控件是窗体中的对象,它在窗体中起着显示数据、执行操作以及修饰窗体的作用。"控件"组集成了窗体设计中用到的控件,常用控件按钮的基本功能如表4.2所示。

表4.2 常用控件名称及功能

按钮	名称	功能
▷	选择	用于选取控件、节或窗体。单击该按钮可以释放以前锁定的按钮。
⚒	使用控件向导	用于打开或关闭"控件向导"。使用"控件向导"可以创建列表框、组合框、选项组、命令按钮、图表、子窗口或子报表。要使用向导来创建这些控件,必须按下"使用控件向导"按钮。
Aa	标签	用于显示说明文本的控件,如窗体上的标题或指示文字。Access会自动为创建的控件附加标签。
abl	文本框	用于显示、输入或编辑窗体的基础记录源数据,显示计算结果,或接收用户输入的数据。
XYZ	选项组	与复选框、选项按钮或切换按钮搭配使用,可以显示一组可选值。
⊟	切换按钮	作为绑定到"是/否"字段的独立控件,或者用来接收用户在自定义对话框中输入数据的未绑定控件,或者选项组的一部分。
◉	选项按钮	可以作为绑定到"是/否"字段的独立控件,也可以用于接收用户在自定义对话框中输入数据的未绑定控件,或者选项组的一部分。

按钮	名称	功能
☑	复选框	可以作为绑定到"是/否"字段的独立控件,也可以用于接收用户在自定义对话框中输入数据的未绑定控件,或者选项组的一部分。
	组合框	该控件具有列表框和文本框的特性,即可以在文本框中键入文字或在列表框中选择输入项,然后将值添加到基础字段中。
	列表框	显示可滚动的数值列表。在窗体视图中,可以从列表中选择值输入新记录中,或者更改现有记录中的值。
xxxx	按钮	用于完成各种操作,如:查找记录、打印记录或应用窗体筛选。
	图像	用于在窗体中显示静态的图片。
	未绑定对象框	用于在窗体中显示未绑定的 OLE 对象,例如 Excel 电子表格。当在记录间移动时,该对象将保持不变。
XYZ	绑定对象框	用于在窗体或报表中显示 OLE 对象,例如一系列的图片。该控件针对的是保存在窗体或报表中基础记录源字段中的对象。当在记录间移动时,不同的对象将显示在窗体或报表上。
	插入分页符	用于在窗体上开始一个新的屏幕,或在打印窗体上开始一个新页。
	选项卡控件	用于创建一个多页的选项卡窗体或选项卡对话框。可以在选项卡控件上复制或添加其他控件。
	子窗体/子报表	用于显示来自多个表的数据。
╱	直线	用于突出相关的或特别重要的信息。
▢	矩形	显示图形效果,例如在窗体中将一组相关的控件组织在一起。
✗	ActiveX 控件	是由系统提供的可重用的软件组件。使用 ActiveX 控件可以很快地在窗体中创建具有特殊功能的控件。

　　单击"工具"组中的"字段列表"按钮,可以打开"字段列表"对话框,如图4-34(a)所示。单击表名称左侧的"+",可以展开该表所包含的字段,如图4-34(b)所示。

Access
数据库
技术及
应 用
情 境
教 程

Access
SHUJUKU
JISHUJI
YINGYONG
QINGJING
JIAOCHENG

150

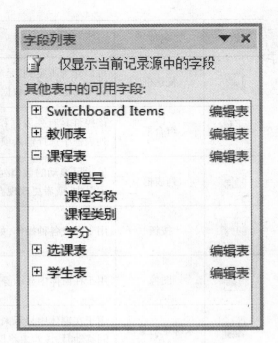

图4-34　字段列表对话框(a)　　　　图4-34　字段列表对话框(b)

在创建窗体时,如果需要在窗体内使用一个控件来显示字段列表中某字段值,可以将该字段拖到窗体内,窗体会根据字段的数据类型自动创建相应类型的控件,并与此字段关联。例如,拖到窗体内的字段是"文本"型,将创建一个文本框来显示此字段值。注意,只有当窗体绑定了数据源后,"字段列表"才有效。

知识点2　常用控件

控件是窗体上用于显示数据、执行操作、装饰窗体的对象。在窗体中添加的每一个对象都是控件。例如,在窗体上使用文本框显示数据,使用命令按钮打开另一个窗体,使用线条或矩形来分隔与组织控件,以增强它们的可读性等。常用的窗体控件包括:文本框、标签、选项组、复选框、切换按钮、组合框、列表框、按钮、图像控件、绑定对象框、未绑定对象框、子窗体／子报表、插入分页符、线条和矩形等,各种控件都可以在"控件"组中访问到。

控件的类型分为绑定型、未绑定型和计算型3种。绑定型控件主要用于显示、输入、更新数据表中的字段;未绑定型控件没有数据来源,可以用来显示信息;计算型控件以表达式作为数据源,表达式可以利用窗体或报表所引用的表或查询字段中的数据,也可以是窗体或报表上的其他控件中的数据。

1. 标签控件

标签主要用来在窗体或报表上显示说明性文本。例如,图4-35中标题"输入教师基本信息"、"教师编号"等都是标签控件。标签不显示字段或表达式的数值,它没有数据来源。当从一个记录移到另一个记录时,标签的值不会改变。可以将标签附加到其他控件上,也可以创建独立的标签(也称单独的标签),但独立创建的标签在"数据表视图"中并不显示。使用标签控件创建的标签就是单独的标签。

2. 文本框控件

文本框主要用来输入或编辑数据,它是一种交互式控件。文本框分为3种类型:绑定型、未绑定型和计算型。绑定型文本框能够从表、查询或SQL语言中获得需要的内容。未绑定型文本框并没有链接某一字段,一般用来显示提示信息或接收用户输入数据等。在计算型文本框中,可以显示表达式的结果。当表达式发生变化时,数值就会被重新计算。

3. 选项组控件

选项组是由一个组框及一组复选框、选项按钮或切换按钮组成。选项组使选择某一组确定的值变得十分容易。因为,只要单击选项组中所需要的值,就可以为字段选定数据值。在选项组中每次只能选择一个选项。

如果选项组绑定了某个字段,则只有组框架本身绑定此字段,而不是组框架内的复选框、选项按钮或切换按钮。选项组可以设置为表达式或未绑定选项组,也可以在自定义对话框中使用绑定选项组来接收用户的输入,然后根据输入的内容来执行相应的操作。

4. 列表框与组合框控件

如果在窗体上输入的数据总是取自某一个表或查询中记录的数据,或者取自某固定内容的数据,可以使用组合框或列表框控件来完成。这样既可以保证输入数据的正确,也可以提高输入数据的效率。例如,在输入教师基本信息时,"学历"字段的值包括"博士"、"硕士"、"本科"、"专科"和"其他"。若将这些值放在组合框或列表框中,用户只需通过点击鼠标就可完成数据输入。这样不仅可以避免输入错误,同时也减少了输入汉字的数量。

窗体中的列表框可以包含一列或几列数据,用户只能从列表中选择值,而不能输入新值。例如,图4-35中"职称"字段值的输入使用的是列表框方式。

组合框的列表是由多行数据组成,但平时只显示一行。需要选择其他数据时,可以单击右侧的下拉箭头按钮,如图4-35所示。使用组合框,既可以进行选择,也可以输入数据,这也是组合框和列表框的区别。

Access
数据库
技术及
应 用
情 境
教 程

Access
SHUJUKU
JISHUJI
YINGYONG
QINGJING
JIAOCHENG

152

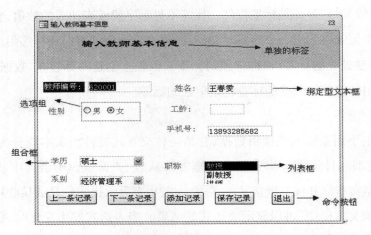

图4-35　常用控件

5. 按钮控件

在窗体中可以使用命令按钮来执行某项操作或某些操作。例如，"确定"、"取消"、"关"。图4-35中的"添加记录"、"保存记录"、"退出"等都是命令按钮。使用Access提供的"命令按钮向导"可以创建30多种不同类型的命令按钮。

6. 复选框、切换按钮、选项按钮控件

复选框、切换按钮和选项按钮是作为单独的控件来显示表或查询中的"是"或"否"的值。当选中复选框或选项按钮时，设置为"是"；如果不选则为"否"。对于切换按钮，如果按下切换按钮，其值为"是"；否则其值为"否"。如图4-36所示。

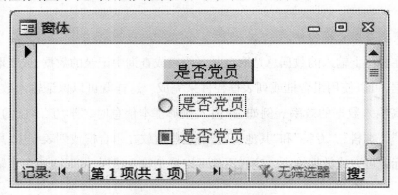

图4-36　切换按钮等控件

7. 选项卡控件

当窗体中的内容较多无法在一页全部显示时，可以使用选项卡进行分页，操作时只需单击选项卡上的标签，就可以在多个页面间进行切换。"选项卡控件"主要用于将多个不同格式的数据操作窗体封装在一个选项卡中，或者说，它是能够使一个选项卡中包含多页数据操作窗体的窗体，而且在每页窗体中又可以包含若干个控件，如图4-37所示。

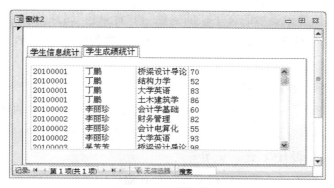

图4-37　选项卡控件

8. 图像控件

在窗体中用"图像"控件显示图片等,可以使窗体更加美观。"图像"控件包括图片、图片类型、超链接地址、可见性、位置及大小等属性,设置时用户可以根据需要进行调整。

知识点3　窗体和控件的属性

属性用于决定表、查询、字段、窗体及报表的特性。窗体及窗体中的每一个控件都具有各自的属性,这些属性决定了窗体及控件的外观、它所包含的数据,以及对鼠标或键盘事件的响应。

1. "属性表"对话框

在窗体"设计视图"中,窗体和控件的属性可以在"属性表"对话框中进行设置。单击"工具"组中的"属性表"按钮或单击鼠标右键,从打开的快捷菜单中执行"属性"命令,可以打开"属性表"对话框。

对话框上方的下拉列表是当前窗体上所有对象的列表,可从中选择要设置属性的对象,也可以直接在窗体上选中对象,那么列表框将显示被选中对象的控件名称。

"属性表"对话框包含5个选项卡,分别是"格式"、"数据"、"事件"、"其他"和"全部"。其中,"格式"选项卡包含了窗体或控件的外观属性,"数据"选项卡包含了与数据源、数据操作相关的属性,"事件"选项卡包含了窗体或当前控件能够响应的事件,"其他"选项卡包含了"名称"、"制表位"等其他属性。选项卡左侧是属性名称,右侧是属性值。

在"属性表"对话框中,设置某一属性时,先单击要设置的属性,然后在属性框中输入一个设置值或表达式。如果属性框中显示有下拉箭头,也可以单击该箭头,并从列表中选择一个数值。如果属性框右侧显示"生成器"按钮,则单击该按钮,显示一个生成器或显示一个可用以选择生成器的对话框,通过该生成器可以设置其属性。

2. 常用的"格式"属性

"格式"属性主要用于设置窗体和控件的外观或显示格式。控件的"格式"属性包括标题、字体名称、字号、字体粗细、倾斜字体、前景色、背景色、特殊效果等。控件中的"标

Access
数据库
技术及
应 用
情 境
教 程

Access
SHUJUKU
JISHUJI
YINGYONG
QINGJING
JIAOCHENG

154

题"属性用于设置控件中显示的文字;"前景色"和"背景色"属性分别用于设置控件的底色和文字的颜色;"字体名称"、"字号"、"字体粗细"、"倾斜字体"等属性,用于设置控件中显示文字的格式。

3. 常用的"数据"属性

"数据"属性决定了一个控件或窗体中的数据源,以及操作数据的规则,而这些数据均为绑定在控件上的数据。控件的"数据"属性包括控件来源、输入掩码、有效性规则、有效性文本、默认值、是否有效、是否锁定等。

"控件来源"属性告诉系统如何检索或保存在窗体中要显示的数据,如果控件来源中包含一个字段名,那么在控件中显示的就是数据表中该字段值,对窗体中的数据所进行的任何修改都将被写入字段中;如果设置该属性值为空,除非编写程序,否则在窗体控件中显示的数据将不会写入数据库表的字段中。如果该属性含有一个计算表达式,那么这个控件会显示计算结果。

4. 常用的"其他"属性

"其他"属性表示了控件的附加特征。控件的"其他"属性包括名称、状态栏文字、自动 Tab 键、控件提示文本等。

窗体中的每一个对象都有一个名称。若在程序中指定或使用某一个对象,可以使用这个名称,这个名称是由"名称"属性来定义的,控件的名称必须是唯一的。

【工作任务】

【案例4-10】在"设计视图"中,创建图4-38所示窗体,窗体名为"输入教师基本信息"。

【案例效果】图4-38是"输入教师基本信息"窗体的窗体视图,通过该案例的学习可以学会利用窗体的设计视图在窗体中添加各种控件的方法。

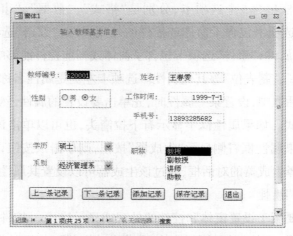

图4-38 "输入教师基本信息"窗体

【设计过程】

1. 创建绑定型文本框控件

(1)单击"创建"选项卡,单击"窗体"组中的"窗体设计"按钮,打开窗体设计视图。

(2)打开"字段列表"对话框,展开并显示出"教师"中的所有字段。

(3)将"教师编号"、"姓名"、"工作时间"、"手机号"等字段依次拖到窗体内适当位置,即可在该窗体中创建绑定型文本框。如图4-39所示。

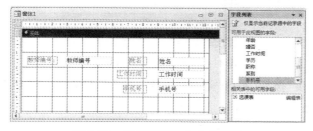

图4-39　创建绑定性文本框控件

2. 创建标签控件

在图4-39所示"设计视图"中,添加"标签"控件。操作步骤如下:

(1)用鼠标右键单击主体节的空白区域,在弹出的快捷菜单中执行"窗体页眉／页脚"命令,在窗体"设计视图"中添加"窗体页眉"节。确保"使用控件向导"按钮已按下。

(2)单击"控件"组中的"标签"按钮。在窗体页眉处单击要放置标签的位置,然后在标签内输入文本"输入教师基本信息",如图4-40所示。

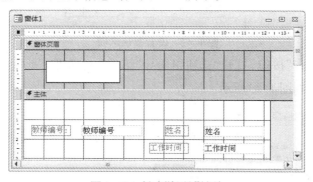

图4-40　创建"标签"控件

3. 创建选项组控件

在图4-40所示窗体中创建"性别"选项组。为"性别"字段设置选项组,需要先将"性别"字段拖至窗体中,使窗体记录源中包含"性别"字段,然后再按如下操作步骤完成设置。

(1)单击"控件"组中的"选项组"按钮。在窗体上单击要放置选项组的左上角位置,打开"选项组向导"第1个对话框。在该对话框的"标签名称"框中分别输入"男"、"女",

Access
数据库
技术及
应　用
情　境
教　程

Access
SHUJUKU
JISHUJI
YINGYONG
QINGJING
JIAOCHENG

156

结果如图4-41所示。

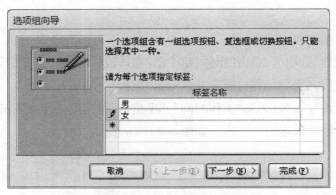

图4-41　设置选项组标签名称

（2）单击"下一步"按钮，打开"选项组向导"第2个对话框。在该对话框中确定是否需要默认选项，选择"是，默认选项是"，并指定"男"为默认项，图4-42所示。

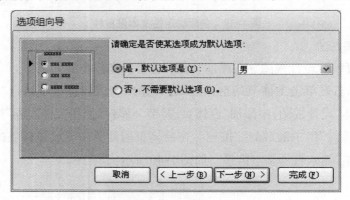

图4-42　设置默认选项

（3）单击"下一步"按钮，打开"选项组向导"第3个对话框。此处设置"男"选项值为0，"女"选项值为1，如图4-43所示。

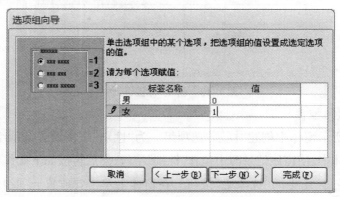

图4-43　设置选项值

(4)单击"下一步"按钮,打开"选项组向导"第4个对话框,选中"在此字段中保存该值",并在右侧的下拉列表框中选择"性别"字段,如图4-44所示。

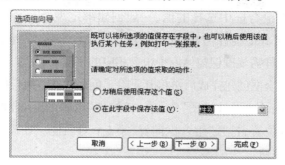

图4-44 设置保存字段

(5)单击"下一步"按钮,打开"选项组向导"第5个对话框,选择"选项按钮"及"蚀刻"按钮样式,选择结果如图4-45所示

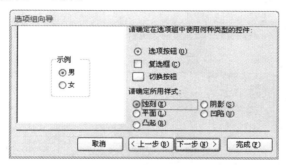

图4-45 选择选项组中使用的控件类型

(6)单击"下一步"按钮,打开"组合框向导"最后一个对话框,在"请为选项组指定标题"文本框中输入选项组的标题"性别",然后单击"完成"按钮。

(7)删除已放置的"性别"字段文本框,然后对所建选项组进行调整,结果如图4-46所示。

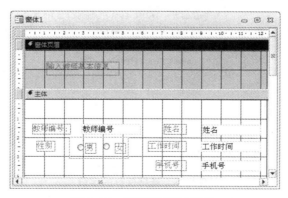

图4-46 创建"选项组"控件

Access
数据库
技术及
应 用
情 境
教 程

Access
SHUJUKU
JISHUJI
YINGYONG
QINGJING
JIAOCHENG

158

4. 创建绑定型组合框控件

"组合框"能够将一些内容罗列出来供用户选择。"组合框"也分为绑定型与未绑定型两种。如果要保存在组合框中选择的值,一般创建绑定型"组合框";如果要使用"组合框"中选择的值来决定其他控件内容,就可以建立一个未绑定型"组合框"。

创建组合框前,同样需要确保窗体源中包含相应的字段,因此需先将要创建组合框的字段添加到窗体中,待组合框创建完成后再将其删除。创建"学历"组合框的操作步骤如下:

(1)在图4-46所示的"设计视图"中,单击"控件"组中的"组合框"按钮,在窗体上单击要放置"组合框"的位置,打开"组合框向导"第1个对话框。在该对话框中,选择"自行键入所需的值"单选按钮。

(2)单击"下一步"按钮,打开"组合框向导"第2个对话框。在"第1列"列表中依次输入"博士"、"硕士"、"学士"和"其他"等值,每输入完一个值,按Tab键,设置结果如图4-47所示。

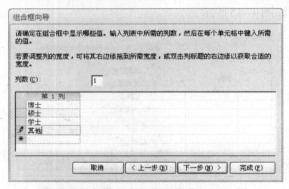

图4-47 设置组合框中显示值

(3)单击"下一步"按钮,打开"组合框向导"第3个对话框,选择"将该数值保存在这个字段中"单选按钮,并单击右侧下拉箭头按钮,从打开的下拉列表中,选择"学历"字段,设置结果如图4-48所示。

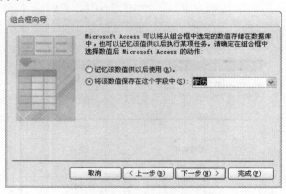

图4-48 选择保存的字段

(4)单击"下一步"按钮,在打开的对话框的"请为组合框指定标签"文本框中输入"学历",作为该组合框的标签。单击"完成"按钮。至此,组合框创建完成。

(5)删除已放置的"政治面目"文本框,然后对所建选项组进行调整。参照上述方法对"系别"组合框控件,进行适当调整即可得到图4-49所示窗体。

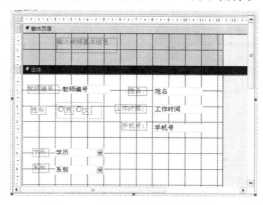

图4-49　创建绑定型组合框控件

5. 创建绑定型列表框控件

与"组合框"控件相似,"列表框"也可以分为绑定型与未绑定型两种。创建"职称"列表框的操作步骤如下:

(1)图4-49所示"设计视图"中,单击"列表框"工具按钮。在窗体上单击要放置列表框的位置,打开"列表框向导"第1个对话框。如果选择"使列表框在表或查询中查阅数值"单选按钮,则在所建列表框中显示所选表的相关值;如果选择"自行输入所需的值"单选按钮,则在所建列表中显示输入的值。此例选择后者。

(2)单击"下一步"按钮,打开"列表框向导"第2个对话框,在"第1列"列表中依次输入"教授"、"副教授"、"讲师"、"助教"和"其他",每输入完一个值,按Tab键。

(3)单击"下一步"按钮,打开"列表框向导"第3个对话框,选择"将该数值保存在这个字段中单击按钮,并单击右侧向下箭头按钮,从打开的下拉列表中,选择"职称"字段,设置结果如图4-50所示。

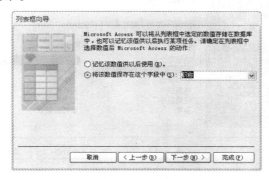

图4-50　设置保存字段

Access
数据库
技术及
应 用
情 境
教 程

Access
SHUJUKU
JISHUJI
YINGYONG
QINGJING
JIAOCHENG

160

(4)单击"下一步"按钮,在"请为列表框指定标签"文本框中输入"职称",作为该列表框的标签,然后单击"完成"按钮,创建结果如图4-51所示。

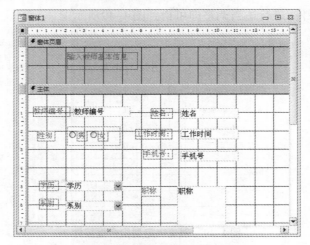

图4-51　创建"列表框"控件

6.创建命令按钮

在窗体中单击某个命令按钮可以使 Access 完成特定操作。例如,"添加记录"、"保存记录"、"退出"等。这些操作可以是一个过程,也可以是一个宏。下面介绍在图4-51所示的"设计视图"中,使用"命令按钮向导"创建"添加记录"命令按钮的操作方法。操作步骤如下:

(1)单击"命令"按钮,在"窗体页脚"节单击要放置命令按钮的位置,打开"命令按钮向导"第1个对话框。在对话框的"类别"列表框中,列出了可供选择的操作类别,每个类别在"操作"列表框中均对应着多种不同的操作。先在"类别"框内选择"记录操作",然后在"操作"框中选择"添加新记录",如图4-52所示。

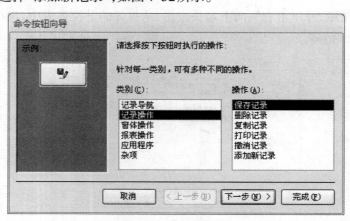

图4-52　选择操作动作

（2）单击"下一步"按钮，打开"命令按钮向导"第2个对话框。为使在按钮上显示文本，单击"文本"单选按钮，并在其后的文本框输入"添加记录"，如图4-53所示。

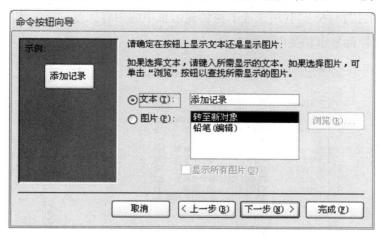

图4-53　选择按钮形式

（3）单击"下一步"按钮，在打开的对话框中为创建的命令按钮命名，以便以后引用。单击"完成"按钮。

至此"命令"按钮创建完成，其他按钮的创建方法相同，结果如图4-54所示。

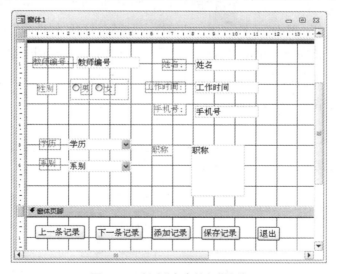

图4-54　创建"命令按钮"控件

（4）单击"视图"组中的"视图"按钮切换到窗体视图，显示结果如图4-38所示。

【提示】为了使窗体显示更加美观，可以创建"图像"控件。操作方法是：在窗体设计视图下单击"图像"按钮，将其放在合适的窗体位置中，打开"插入图片"对话框，在对话框中找到并选中所需图片文件，单击"确定"按钮即可插入图像。

Access
数据库
技术及
应 用
情 境
教 程

Access
SHUJUKU
JISHUJI
YINGYONG
QINGJING
JIAOCHENG

162

【案例4-11】创建"学生统计信息"窗体,窗体包含两部分,一部分是"学生信息统计",另一部分是"学生成绩统计"。使用"选项卡"显示两页的内容。

【案例效果】图4-55是利用选项卡控件显示页中的内容。通过该案例的学习可以学会使用选项卡控件显示相关内容的方法。

图4-55　利用选项卡控件显示内容

【设计过程】

(1)打开窗体"设计视图"。单击"选项卡控件"按钮,在窗体上单击要放置"选项卡"的位置,调整其大小。单击"工具"组中的"属性表"按钮,打开"属性表"对话框。

(2)单击选项卡"页1",单击"属性表"对话框中的"格式"选项卡,在"标题"属性行中输入"学生信息统计",设置结果如图4-56所示。单击"页2",按上述方法设置"页2"的"标题"属性,设置结果如图4-57所示。

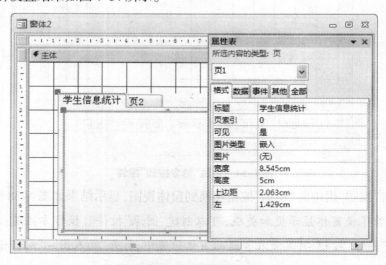

图4-56　设置选项卡属性

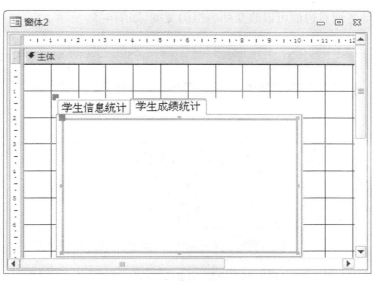

图4-57　创建"选项卡"

（3）在图4-57所示设计视图中，单击"列表框"按钮，在窗体上单击要放置"列表框"的位置，打开"列表框向导"第1个对话框，选择"使用列表框查阅表或查询中的值"。

（4）单击"下一步"按钮，打开"列表框向导"第2个对话框。由于列表框中显示的数据来源于"学生选课成绩"查询，因此选择"视图"选项组中的"查询"，然后从查询的列表中选择"选课成绩表"，如图4-58所示。

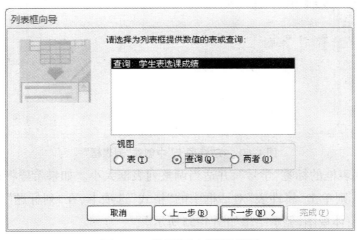

图4-58　选择"列表框"数据源

（5）单击"下一步"按钮打开"列表框向导"第3个对话框，单击按钮，将"可用字段"列表中的所有字段移到"选定字段"列表框中。单击"下一步"按钮，在"列表框向导"第4个对话框中选择用于排序的字段。

（6）单击"下一步"按钮，打开"列表框向导"第5个对话框，其中列出了所有字段的列

Access
数据库
技术及
应用
情境
教程

Access
SHUJUKU
JISHUJI
YINGYONG
QINGJING
JIAOCHENG

164

表。此时,拖动各列右边框可以改变列表框的宽度,如图4-59所示。

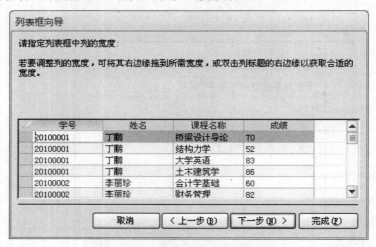

图4-59　设置"列表框"每列的宽度

(7)单击"下一步"按钮,在打开的对话框中选择保存的字段。此例选择"学号",单击"下一步"按钮,单击"完成"按钮,结果如图4-60所示。

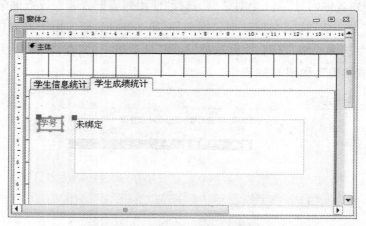

图4-60　在"选项卡"中创建"列表框"

(8)删除列表框的标签"学号",并适当调整列表框大小。如果希望将列表框中的列标题显示出来,则单击"属性表"对话框中的"格式"选项卡,在"列标题"属性行中选择"是"。切换到窗体视图,显示结果如图4-55所示。

【案例4-12】设置图4-61所示窗体中的标题和"教师编号"标签的格式属性。其中,标题的"字体名称"为"隶书","字号"为16,前景色为"黑色";"教师编号"标签的背景色为"蓝色",前景色为"白色"。

【案例效果】图4-61是设置后的窗体标题和标签的格式属性。通过本案例的学习可以学会设置控件格式属性的方法。

图4-61　设置控件的格式属性

【设计过程】

(1)用窗体"设计视图"打开"输入教师基本信息"窗体。如果此时没有打开"属性表"对话框,则单击"工具"组中的"属性表"按钮,打开"属性表"对话框。

(2)选中"输入教师基本信息"标签,单击"格式"选项卡,在"字体名称"框中选择"隶书",在"字号"框中选择"16",单击"前景色"栏,并单击右侧的"生成器"按钮,从打开的"颜色"对话框中选择"灰色","属性表"对话框的设置结果如图4-62所示。

(3)选中"教师编号"标签,使用相同方法设置标签的"前景色"和"背景色","属性表"对话框的设置结果如图4-63所示。

图4-62 标题设置结果

图4-63"教师编号"标签设置结果

【提示】"背景色"表示控件背景颜色,而"前景色"表示文字颜色。

Access
数据库
技术及
应 用
情 境
教 程

Access
SHUJUKU
JISHUJI
YINGYONG
QINGJING
JIAOCHENG

166

【案例4-13】设置图4-38所建窗体的格式属性,要求窗体去掉"滚动条""记录选择器"、"分割线"、"导航按钮"、"最大最小化按钮"。

【案例效果】图4-64是设置后的窗体的格式属性。通过本案例的学习可以学会设置窗体格式属性的方法。

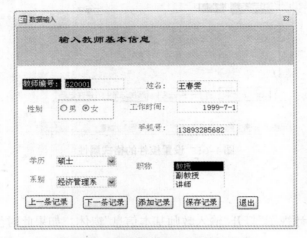

图4-64 设置窗体格式后的显示结果

【设计过程】

(1)打开窗体的"设计视图",单击窗体选择器。

(2)单击"属性表"对话框的"格式"选项卡,并更改窗体的"标题"属性为"数据输入";设置窗体的"滚动条"为两者均无;"记录选择器"为否;"分割线"为否;"导航按钮"为否;"最大最小化按钮"为无。设置结果如图4-65所示。

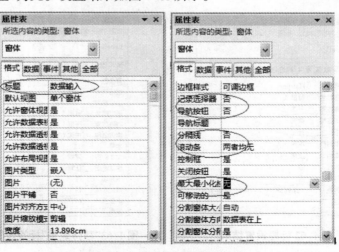

图4-65 窗体"格式"属性设置

（3）切换到"窗体视图"，显示结果如图4-64所示。

【提示】窗体的"格式"属性包括标题、默认视图、滚动条、记录选择器、导航按钮、分隔线、自动居中、控制框、最大最小化按钮、关闭按钮、边框样式等。

窗体中的"标题"属性值将成为窗体标题栏上显示的字符串。"滚动条"属性值决定了窗体显示时是否有窗体滚动条，该属性值有"两者均无"、"只水平"、"只垂直"和"两者都有"4个选项，可以选择其一。"记录选择器"属性有两个值："是"和"否"，它决定窗体显示时是否有记录选择器，即数据表最左端是否有标志块。"导航按钮"属性有两个值："是"和"否"，它决定窗体运行时是否有导航按钮，一般如果不需要数据导航或在窗体本身设置了数据浏览命令按钮时，该属性值应设为"否"，这样可以增加窗体的可读性。"分隔线"属性值需在"是"、"否"两个选项中选取，它决定窗体显示时是否显示窗体各节间的分隔线。"最大最小化按钮"属性决定是否使用windows标准的最大化和最小化按钮。

【案例4-14】将图4-64所示窗体中的"工作时间"改为工龄，工龄由工作时间计算得到（要求保留至整数）。

【案例效果】图4-66是利用计算型控件计算教师工龄的显示结果。通过本案例的学习可以学会窗体中计算型控件的使用方法。

图4-66　窗体视图下的显示结果

【设计过程】

（1）打开图4-64所示窗体的"设计视图"，删除"工作时间"文本框。

（2）在相同位置上创建一个文本框，标签改为"工龄："。

（3）在"属性表"对话框中，单击"数据"选项卡，单击"控件来源"栏，输入计算工龄的公式"Year(Date())一Year([工作时间])"。设置结果如图4-67所示。

Access
数据库
技术及
应 用
情 境
教 程

Access
SHUJUKU
JISHUJI
YINGYONG
QINGJING
JIAOCHENG

168

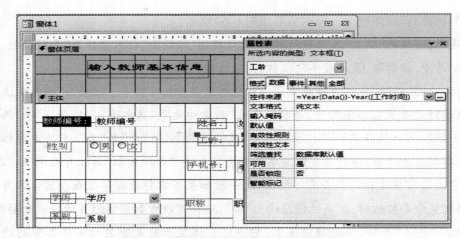

图4-67 控件的"控件来源"属性设置结果

（4）切换到"窗体视图"，显示结果如图4-66所示。

【提示】计算型控件一定要在表达式前面加"="。

【实战演练】

1. 利用窗体"设计视图"，创建"学生基本信息维护"窗体。要求在窗体中显示"学生表"中的全部字段，自定义添加导航按钮（第一条记录、最后一条记录、上一条记录、下一条记录、打印、添加、保存、退出），并在窗体的"窗体页眉"处添加一幅图片。

2. 设置"学生基本信息维护"窗体的格式属性。其中，标题的"字体名称"为"新宋体"，"字号"为26，前景色为"红色"；所有字段标签的背景色为"蓝色"，前景色为"黄色"。要求去掉窗体"滚动条""记录选择器"、"分割线"、"导航按钮"、"最大最小化按钮"。

3. 在"学生基本信息维护"窗体中添加一个文本框控件，用于计算学生的年龄，其中文本框控件的名称为"txt_age"，标签控件的名称为"lbl_age"，标签的标题为"学生年龄"（要求保留至整数）。

【任务评价】

任务4　修饰窗体

【任务引导】

窗体的基本功能设计完成后,要对窗体上的控件及窗体本身的一些格式进行设定,使窗体界面看起来更加友好,布局更加合理,使用更加方便。除了通过设置窗体或控件的"格式"属性来对窗体及窗体中的控件进行修饰外,还可以通过应用主题和条件格式等功能进行格式设置。

【知识储备】

知识点1　主题的应用

"主题"是修饰和美化窗体的一种快捷方法,它是一套统一的设计元素和配色方案,可以使数据库中的所有窗体具有统一的色调。在"窗体设计工具/设计"选项卡中的"主题"组包括"主题"、"颜色"和"字体"3个按钮。Access 2010提供了44套主题供用户选择。

知识点2　条件格式的使用

除可以使用"属性表"对话框设置控件的"格式"属性外,还可以根据控件的值,按照某个条件设置相应的显示格式。

知识点3　窗体的布局

在窗体的布局阶段,需要调整控件的大小,排列或对齐控件,以使界面有序、美观。

1. 选择控件

要调整控件首先要选定控件。在选定控件后,控件的四周出现6个黑色方块,称为控制柄。其中,左上角的控制柄由于作用特殊,因此比较大。使用控制柄可以调整控件的大小、移动控件的位置。选定控件的操作有以下5种:

（1）选择一个控件。鼠标左键单击该对象。

（2）选择多个相邻控件。从空白处拖动鼠标左键拉出一个虚线框,虚线框包围的控件全部被选中。

（3）选择多个不相邻控件。按住shift键,用鼠标分别单击要选择的控件。

（4）选择所有控件。按ctrl+A键。

（5）选择一组控件。在垂直标尺或水平标尺上,按下鼠标左键,这时出现一条竖直线（或水平线）,松开鼠标后,直线所经过的控件全部选中。

Access
数据库
技术及
应 用
情 境
教程

Access
SHUJUKU
JISHUJI
YINGYONG
QINGJING
JIAOCHENG

170

2. 移动控件

移动控件的方法有两种:鼠标和键盘。用鼠标移动控件时,首先选定要移动的一个或多个控件,然后按住鼠标左键移动。当鼠标放在控件的左上角以外的其他地方时,会出现一个十字箭头,此时拖动鼠标即可移动选中的控件。这种移动是将相关联的两个控件同时移动。将鼠标放在控件的左上角,拖动鼠标时能独立地移动控件本身。

3. 调整控件大小

调整控件大小的方法有两种:鼠标和"属性表"对话框。

(1)使用鼠标。将鼠标放在控件的控制柄上,当鼠标指针变为双箭头时,拖动鼠标可以改变控件的大小。当选中多个控件时,拖动鼠标可以同时改变多个控件的大小。

(2)使用"属性表"对话框。打开"属性表"对话框,在"格式"选项卡的"高度"、"宽度"、"左"和"上边距"中输入所需的值。

4. 对齐控件

当窗体中有多个控件时,控件的排列布局不仅直接影响窗体的美观,而且还影响工作效率。使用鼠标拖动来调整控件的对齐是最常用的方法。但是这种方法效率低,很难达到理想的效果。对齐控件最快捷的方法是使用系统提供的"控件对齐方式"命令。具体操作步骤如下:

(1)选定需要对齐的多个控件。

(2)在"窗体设计工具 / 排列"选项卡的"调整大小和排列"组中,单击"对齐"按钮。在打开的列表中,选择一种对齐方式。

5. 调整间距

调整多个控件之间水平和垂直间距的最简便方法是:在"窗体设计工具 / 排列"选项卡中,单击"调整大小和排列"组中的"大小 / 空格"按钮,在打开的列表中,根据需要选择"水平相等"、"水平增加"、"水平减少"、"垂直相等"、"垂直增加"和"垂直减少"等按钮。

【工作任务】

【案例4-15】对"教学管理"数据库应用主题"行云流水",并在"学生选课成绩"窗体中,应用条件格式,使子窗体中各类成绩字段值用不同颜色显示。60分以下(不含60分)用红色加粗下划线显示;60—90(不含90)分用蓝色显示;90分(含90分)以上用绿色显示。

【案例效果】图4-68是应用主题和条件格式的窗体视图效果。通过本案例的学习可以学会在窗体中应用主题、设置条件格式和调整控件大小及对窗体进行布局的方法。

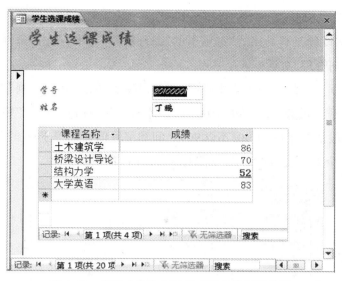

图4-68 应用主题和条件格式的窗体视图效果

【设计过程】

(1)打开"教学管理"数据库,用"设计视图"打开某一个窗体。

(2)在"窗体设计工具/设计"选项卡中,单击"主题"组中的"主题"按钮 ,打开"主题"列表,如图4-69所示,在列表中双击"行云流水"。

图4-69 "主题"列表

(3)用"设计视图"打开"学生选课成绩"窗体,选中子窗体中绑定"成绩"字段的文本

Access
数据库
技术及
应　用
情　境
教　程

Access
SHUJUKU
JISHUJI
YINGYONG
QINGJING
JIAOCHENG

172

框控件。

（4）在"窗体设计工具／格式"选项卡的"条件格式"组中，单击"条件格式"按钮，打开"条件格式规则管理"对话框。

（5）在对话框上方的下拉列表中选择"成绩"字段，单击"新建规则"按钮，打开"新建格式规则"对话框。设置字段值小于60时，字体颜色为"红色"，单击"确定"按钮。重复此步骤，设置字段值介于60和90（不含90）之间和字段值大于等于90的条件格式。一次最多可以设置3个条件及条件格式，设置结果如图4-70所示。

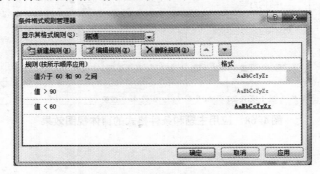

图4-70　条件及条件格式设置结果

（6）切换到窗体视图，显示结果如图4-68所示。

【提示】可以看到，在窗体页眉节的背景颜色发生变化。此时，打开其他窗体，会发现所有窗体的外观均发生了变化，而且外观的颜色是一致的。

【实战演练】

1. 对"教学管理"数据库应用主题为"复合"。

2. 对"学生基本信息维护"窗体应用条件格式。要求年龄字段值用不同颜色显示。18岁以下（不含18岁）用绿色加粗显示；18—20（不含20岁）用蓝色加粗显示；20岁（含20岁）以上用红色加粗斜体加下划线显示。

【任务评价】

任务5　定制系统控制窗体

【任务引导】

窗体是应用程序和用户之间的接口,其作用不仅是为用户提供输入数据、修改数据、显示处理结果的界面,更主要的是可以将已经建立的数据库对象集成在一起,为用户提供一个可以进行数据库应用系统功能选择的操作控制界面。Access提供的切换面板管理器和导航窗体可以方便地将各项功能集成起来,能够创建出具有统一风格的应用系统控制界面。本节使用切换面板管理器和导航窗体这两个工具介绍创建"教学管理"的切换窗体和导航窗体的方法。

【知识储备】

知识点1　创建切换窗体

使用"切换面板管理器"创建的窗体是一个特殊窗体,称为切换窗体。该窗体实质上是一个控制菜单,通过选择菜单实现对所集成的数据库对象的调用。每级控制菜单对应一个界面,称为切换面板页;每个切换面板页上提供相应的切换项,即菜单项。创建切换窗体时,首先启动切换面板管理器,然后创建所有的切换面板页和每页上的切换项,设置默认的切换面板页,最后为每个切换项设置相应内容。

知识点2　创建导航窗体

切换面板管理器工具虽然可以直接将数据库中的对象集成在一起,形成一个操作简单、方便的应用系统。但是,创建前不仅要求用户设计每一个切换面板页及每页上的切换面板项,还要设计切换面板页之间的关系,创建过程相对复杂,缺乏直观性。Access 2010提供了一种新型的窗体,称为导航窗体。在导航窗体中,可以选择导航按钮的布局,也可以在所选布局上直接创建导航按钮,并通过这些按钮将已建数据库对象集成在一起形成数据库应用系统。使用导航窗体创建应用系统控制界面更简单、更直观。

知识点3　设置启动窗体

完成切换窗体或导航窗体的创建后,每次启动时都需要双击该窗体。如果希望在打开数据库时自动打开该窗体,那么需要设置其启动属性。

【工作任务】

【案例4-16】使用切换面板管理器创建"教学管理"切换窗体。

【案例效果】图4-71是"教学管理"切换面板的创建效果,通过该案例的学习可以学会在窗体中利用切换面板管理器创建切换面板的方法。

Access
数据库
技术及
应　用
情　境
教　程

Access
SHUJUKU
JISHUJI
YINGYONG
QINGJING
JIAOCHENG

174

图4-71　"教学管理"切换面板

【设计过程】

1. 添加切换面板管理器工具

通常,使用"切换面板管理器"创建系统控制界面的第一步是启动切换面板管理器。由于Access 2010并未将"切换面板管理器"工具放在功能区中,因此使用前要先将其添加到功能区中。

将"切换面板管理器"添加到"数据库工具"选项卡中,操作步骤如下:

(1)单击"文件"选项卡,在左侧窗格中单击"选项"命令。

(2)在打开的"Access选项"对话框左侧窗格中,单击"自定义功能区"类别,此时右侧窗格显示出自定义功能区的相关内容。

(3)在右侧窗格"自定义功能区"下拉列表框下方,单击"数据库工具"选项,然后单击"新建组"按钮,结果如图4-72所示。

图4-72　添加"新建组"

(4)单击"重命名"按钮,打开"重命名"对话框,在"显示名称"文本框中输入"切换面板"作为"新建组"名称,选择一个合适的图标,单击"确定"按钮。

(5)单击"从下拉位置选择命令"下拉列表框右侧下拉箭头按钮,从弹出的下拉列表中选择"不在功能区中的命令";在下方列表框中选择"切换面板管理器",如图4-73所示。

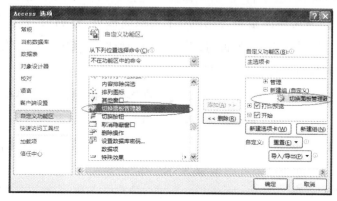

图4-73 添加"切换面板管理器"命令

(6)单击"添加"按钮,然后单击"确定"按钮,关闭"Access选项"对话框。这样"切换面板管理器"命令被添加到"数据库工具"选项卡的"切换面板"组中,如图4-74所示。

图4-74 修改后的功能区

2. 启动切换面板管理器

(1)单击"数据库工具"选项卡,单击"切换面板"组中的"切换面板管理器"按钮。由于是第一次使用切换面板管理器,因此Access显示"切换面板管理器"提示框。

(2)单击"是"按钮,弹出"切换面板管理器"对话框,如图4-75所示。

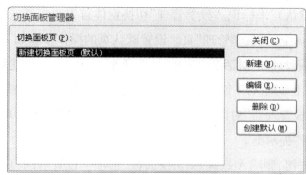

图4-75 "切换面板管理器"对话框

Access
数据库
技术及
应 用
情 境
教 程

Access
SHUJUKU
JISHUJI
YINGYONG
QINGJING
JIAOCHENG

176

此时,"切换面板页"列表框中有一个由Access创建的"新建切换面板(默认)"项。

3. 创建新的切换面板页

此例中需要创建的"教学管理"切换窗体中包含了5个切换面板页,"教学管理"切换窗体需要建立包括主切换面板页在内的6个切换面板页,分别是"教学管理"、"学生管理"、"教师管理"、"选课管理"、"授课管理"和"课程管理"。其中,"教学管理"为主切换面板页。创建切换面板页的操作步骤如下:

(1)单击"新建"按钮,打开"新建"对话框。在"切换面板页名"文本框中,输入所建切换面板页的名称"教学管理",然后单击"确定"按钮。

(2)按照相同方法创建"学生管理"、"教师管理"、"课程管理"、"选课管理"以及"授课管理"等切换面板页,创建结果如图4-76所示。

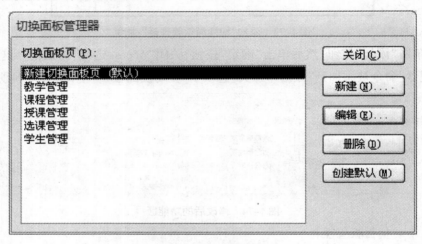

图4-76　切换面板页创建结果

4. 设置默认的切换面板页

默认的切换面板页是启动切换窗体时最先打开的切换面板页,也就是上面提到的切换面板页,它由"(默认)"来标识。"教学管理"切换窗体首先要打开的切换面板页应为已经建立的切换面板页中的"教学管理"页。设置默认页的操作步骤如下:

(1)在"切换面板管理器"对话框中选择"教学管理"选项,单击"创建默认"按钮,这时"教学管理"后面自动加上"(默认)",说明"教学管理"切换面板页已经变为默认切换面板页。

(2)在"切换面板管理器"对话框中选择"主切换面板"选项,然后单击"删除"按钮,弹出"切换面板管理器"提示框。

(3)单击"是"按钮,删除Access"主切换面板"选项。设置后的"切换面板管理器"对话框如图4-77所示。

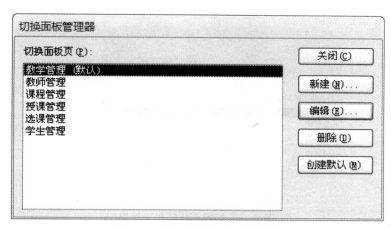

图4-77　设置默认切换页板结果

5. 为切换面板页创建切换面板项目

"教学管理"切换面板页上的切换项目应包括"学生管理"、"教师管理"、"选课管理"、"授课管理"和"课程管理"等。在主切换面板页上加入切换面板项目,可以打开相应的切换面板页,使其在不同的切换面板页之间进行切换。操作步骤如下:

(1)在"切换面板页"列表框中选择"教学管理(默认)"选项,然后单击"编辑"按钮,打开"编辑切换面板页"对话框。

(2)单击"新建"按钮,打开"编辑切换面板项目"对话框。在"文本"文本框中输入"教师管理",在"命令"下拉列表中选择"转至'切换面板'"选项(选择此项的目的是为了打开对应的切换面板),在"切换面板"下拉列表框中选择"教师管理"选项,如图4-78所示。

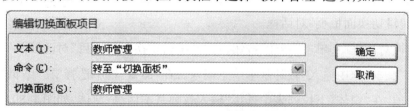

图4-78　创建切换面板页上的切换面页板项

(3)单击"确定"按钮,此时创建了打开"教师管理"切换面板页的切换面板项目。

(4)使用相同方法,在"教学管理"切换面板页中加入"学生管理"、"课程管理"、"选课管理"、"授课管理"等切换面板项目,分别用来打开相应的切换面板页。

如果对切换面板项目的顺序不满意,可以选中要进行移动的项目,然后单击"向上移"或"向下移"按钮。对不再需要的项目,可选中该项目后单击"删除"按钮删除。

(5)最后建立一个"退出系统"切换面板项来实现退出应用系统的功能。在"编辑切换面板页"对话框中,单击"新建"按钮,打开"编辑切换面板项目"对话框。在"文本"文本框中输入"退出系统",在"命令"下拉列表中选择"退出应用程序"选项,单击"确定"按钮,

Access
数据库
技术及
应　用
情　境
教　程

Access
SHUJUKU
JISHUJI
YINGYONG
QINGJING
JIAOCHENG

178

结果如图4-79所示

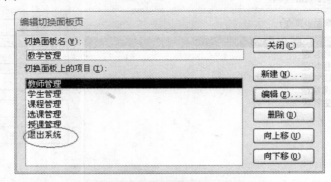

图4-79　切换面板项创建结果

(6)单击"关闭"按钮,返回"切换面板管理器"对话框。

6.为切换面板上的切换项设置相关内容

虽然"教学管理"切换面板页上已加入了切换项目,但是"教师管理"、"学生管理"、"选课管理"等其他切换面板页上的切换项还未设置,这些切换面板页上的切换项目直接实现系统的功能。例如,"教师管理"切换面板页上应有"教师基本信息输入"、"教师基本信息查询"和"教师基本信息打印"等3个切换项目。下面为"教师管理"切换面板页创建一个"教师基本信息输入"切换面板项,该项打开已经建立的"输入教师基本信息"窗体。具体操作步骤如下:

(1)在"切换面板管理器"对话框中,选中"教师管理"切换面板页,然后单击"编辑"按钮,打开"编辑切换面板页"对话框。

(2)在该对话框中,单击"新建"按钮,打开"编辑切换面板项目"对话框。

(3)在"文本"框中输入"教师基本信息输入",在"命令"框中选择"在'编辑'模式下打开窗体"选项,在"窗体"下拉列表中选择"输入教师基本信息"窗体,如图4-80所示。

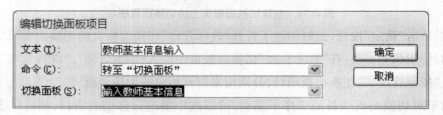

图4-80　设置""切换面板项

(4)单击"确定"按钮,打开切换面板窗体视图,如图4-71所示。

其他切换面板项的创建方法与上面介绍的方法完全相同。需要注意的是,在每个切换面板页中都应创建"返回主菜单"的切换项,这样才能保证各个切换面板页之间进行切换。

【提示】为了方便使用,可将所建窗体名称和窗体标题由"切换面板"改为"教学管理"。

【案例4-17】使用"导航"按钮,创建"教学管理"系统控制窗体。

【案例效果】图4-81是使用"导航"按钮建立的"教学管理"系统控制窗体,通过该案例的学习可以学会利用"导航"按钮创建系统控制窗体的方法。

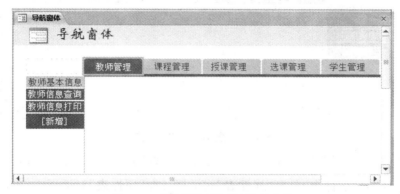

图4-81 "教学管理"系统控制窗体

【设计过程】

(1)单击"创建"选项卡,单击"窗体"组中的"导航"按钮,从弹出的下拉列表中选择一种所需的窗体样式,本例选择"水平标签和垂直标签,左侧"选项,进入导航窗体的布局视图。将一级功能放在水平标签上,将二级功能放在垂直标签上。

(2)在水平标签上添加一级功能。单击上方的"新增"按钮,输入"教师管理"。使用相同方法创建"课程管理"、"授课管理""选课管理"和"学生管理"按钮,设置结果如图4-82所示。

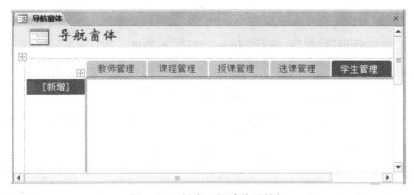

图4-82 创建一级功能区按钮

(3)在垂直标签上添加二级功能,如创建"教师管理"的二级功能按钮。单击"教师管

Access
数据库
技术及
应 用
情 境
教 程

Access
SHUJUKU
JISHUJI
YINGYONG
QINGJING
JIAOCHENG

180

理"按钮,单击左侧"新增"按钮,输入"教师基本信息"。使用相同方法创建"教师信息查询"和"教师信息打印"按钮,如图4-83所示。

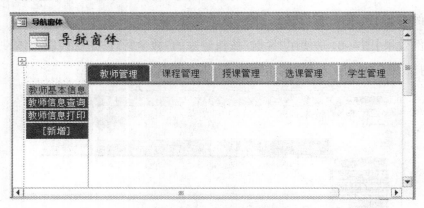

图4-83　创建二级功能按钮

(4)为"教师基本信息"添加功能。右键单击"教师基本信息"导航按钮,从弹出的快捷菜单中选择"属性"命令,打开"属性表"对话框。在"属性表"对话框中,单击"事件"选项卡,单击"单击"事件右侧下拉箭头按钮,从弹出的下拉列表中选择已建宏"教师基本信息窗体"(关于宏的创建方法请参见后续章节)。使用相同方法设置其他导航按钮的功能。

(5)切换到"窗体视图",运行结果如图4-81所示。

【提示】使用"布局视图"创建和修改导航窗体更直观、方便。因为在这种视图中,窗体处于运行状态,创建或修改窗体的同时可以看到运行的效果。

【案例4-18】设置"系统控制"导航窗体为"教学管理"数据库系统启动窗体。

操作步骤如下:

1.打开"教学管理"数据库,打开"Access选项"对话框。

2.设置窗口标题栏显示信息。在该对话框的"应用程序标题"文本框中输入"教学管理",这样在打开数据库时,在Access窗口的标题栏上会显示"教学管理"。

3.设置窗口图标。单击"应用程序图标"文本框右侧的"浏览"按钮,找到所需图标所在的位置并将其打开,这样将会用该图标代替Access图标。

4.设置自动打开的窗体。在"显示窗体"下拉列表中,选择"系统控制"窗体,如图4-84所示。将该窗体作为启动后显示的第一个窗体,这样在打开"教学管理"数据库时,Access会自动打开"系统控制"窗体。

图4-84 设置启动窗体选项

5.取消选中的"显示导航窗格"复选框,这样在下一次打开数据库时,导航窗格将不再出现,单击"确定"按钮。

【提示】当某一数据库设置了启动窗体,在打开数据库时想终止自动运行的启动窗体,可以在打开这个数据库的过程中按住Shift键。

【实战演练】

1.使用切换面板管理器创建"教学管理"切换窗体。要求包含"学生管理"、"教师管理"、"课程管理"和"选课管理"四个切换面板页,每个切换面板页中至少包含3个以上切换面板项,将"教师管理"作为主切换面板页。

2.使用"导航"按钮中的"垂直标签,左侧",创建"教学管理"系统控制窗体。

3.设置"教学管理"窗体为"教学管理"数据库系统启动窗体。

【任务评价】

Access
数据库
技术及
应 用
情 境
教 程

Access
SHUJUKU
JISHUJI
YINGYONG
QINGJING
JIAOCHENG

182

【习题】

一、选择题

1. 不能用来作表或查询中"是/否"值的控件是（   ）。

    A. 复选框   B. 选项按钮   C. 切换按钮   D. 命令按钮

2. 决定窗体结构和外观的是（   ）。

    A. 控件   B. 标签   C. 属性   D. 按钮

3. 下列关于组合框获得数据的正确说法是（   ）。

    A. 用户的输入   B. 已有的表   C. 已有的查询   D. 以上均可

4. 在窗体中，用来设置窗体标题的区域一般是（   ）。

    A. 主体节   B. 窗体页眉   C. 页面页眉   D. 窗体页脚

5. 在 Access 2010 中，以表达式作为数据源的控件是（   ）。

    A. 绑定型   B. 非绑定型   C. 计算型   D. 以上都不对

6. 下面属于容器型的控件是（   ）。

    A. 文本框   B. 标签   C. 复选框   D. 选项组按钮

7. 下面哪个控件只能是未绑定控件（   ）。

    A. 选项按钮   B. 文本框   C. 标签   D. 列表框

8. 关于查询下列说法不正确的是（   ）

    A. 在查询中可以进行计算。   B. 查询不是真正的表。

    C. 查询不能作为查询的数据源。   D. 利用查询可以修改数据源中的数据。

9. 关于函数说法正确的是（   ）

    A. 函数由函数名和参数两部分组成，如果没有参数，只写函数名即可。

    B. 函数之间可以互相调用。

    C. 函数之间不可以进行计算。

    D. 函数必须写参数。

10. 下列关于窗体说法正确的是（   ）

    A. 通过窗体可以修改数据源中的数据。

    B. 创建窗体必须添加数据源。

    C. 在设计视图里也可以查看数据源中的记录。

    D. 通过窗体视图不能修改数据。

二、填空题

1. Access 2010 中窗体的 4 种类型分别是 _____、_____、_____、

_____。

2. 改变窗体的外观或调整窗体上的控件的布局,必须在_____视图中进行。

3. 在窗体上选择多个控件应按住_____键,然后单击各控件。

4. 组合框可以看作是_____和_____的组合。

5. Access 2010中,控件可分为_____、_____和_____3种类型。

6. 能够唯一标识某一控件的属性是_____。

7. 在创建主子窗体之前,必须设置_____之间的关系。

8. 最终展现在用户面前的窗体是_____视图。

9. 在窗体中添加计算字段,需要用_____控件。

10. 在打开数据库应用系统时,若想终止自动运行的启动窗体,应按住的键是_____。

学习情境五

报表的创建与使用

情境描述

本情境要求学生了解报表、学会使用向导创建报表的方法;学会在设计视图中创建报表、修改报表布局的方法;学会创建分组报表及在报表中进行计算的方法。本情境参考学时为6学时。

学习目标

学会利用向导创建报表。

学会利用设计视图创建报表。

学会添加报表控件及修改报表布局。

学会在报表中排序、分组并利用计算控件计算。

学会打印输出报表。

工作任务

任务1　认识报表

任务2　创建报表

任务3　报表的排序与分组

任务4　使用计算控件

学习情境五　报表的创建与使用

任务1　认识报表

【任务引导】

报表是Access提供的一种将数据库中的数据以格式化的形式显示和打印输出的对象。报表的数据来源与窗体相同,可以是已有的数据表、查询或者是新建的SQL语句,但报表只能查看数据,不能通过报表修改或输入数据。报表的功能包括:可以以格式化形式输出数据;可以对数据分组,进行汇总;可以包含子报表及图表数据;可以输出标签、发票、订单和信封等多种样式报表;可以进行计数、求平均、求和等统计、计算;可以嵌入图像或图片来丰富数据表现形式。

Access
数据库
技术及
应 用
情 境
教 程

Access
SHUJUKU
JISHUJI
YINGYONG
QINGJING
JIAOCHENG

188

【知识储备】

知识点1　报表的视图方式及组成

1. 报表的视图方式

Access 2010 的报表有 4 种视图:"报表视图"、"打印预览"、"布局视图"和"设计视图"。其中,"报表视图"用于显示报表;"打印预览"是让用户提前观察报表的打印效果;"布局视图"的界面与报表视图几乎一样,但是在该视图中可以移动各个控件的位置,可以重新进行控件布局;"设计视图"用于设计和修改报表的结构,添加控件和表达式,设置控件的各种属性、美化报表等。打开任意报表,单击屏幕左上角"视图"按钮下面的小箭头,可以弹出如图 5-1 所示的视图选择菜单。

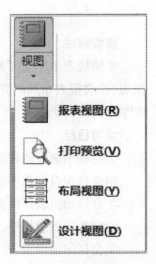

图 5-1　视图选择菜单

2. 报表的组成

图 5-2 所示的是一个打开的报表"设计视图",可以看出报表由如下 5 部分区域组成:

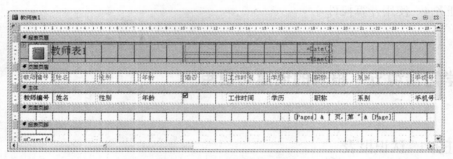

图 5-2　报表的组成区域

(1)报表页眉。在报表的开始处,用来显示报表的大标题、图形或说明性文字,每份报表只有一个报表页眉。

(2)页面页眉。显示报表中的字段名称或记录的分组名称,报表的每一页有一个页面页眉,以保证当数据较多报表需要分页的时候,在报表的每页上面都有一个表头。

(3)主体。打印表或查询中的记录数据,是报表显示数据的主要区域。

(4)页面页脚。打印在每页的底部,用来显示本页的汇总说明,报表的每一页有一个页面页脚。按照图 5-2 所示的报表设计,将在报表的每一页下面输出页码。

(5)报表页脚。用来显示整份报表的汇总信息或者是说明信息,在所有数据都被输出后,只输出在报表的结束处。按照图 5-2 所示的报表设计,将在报表的最后输出记录的数量。

以上各个区域具有不同的功用,可以根据需要进行灵活设计。在设计报表时可以添加表头和注脚,也可以对报表中的控件设置格式,例如字体、字号、颜色、背景等,还可以使用剪贴画、图片对报表进行修饰。这些功能与窗体设计相似。

知识点2　报表设计区

设计报表时,可以将各种类型的文本和字段控件放在报表“设计窗体”中的各个区域内。在报表设计的时候可以根据数据进行分组,形成更小的一些区段,在报表的“设计视图”中区段称为“节”。报表中的信息可以安排在多个节中,每个节在页面上和报表中具有特定的目的并按照预期顺序输出打印。

1. 报表页眉节

报表页眉中的全部内容都只能输出在报表的开始处。在报表页眉中,一般是以大号字体将该份报表的标题放在报表顶端的一个标签控件中。在图5–2中报表页眉节内标题文字“教师”放在标签控件中,输出结果见图5–3所示,在报表首页顶端作为报表标题。

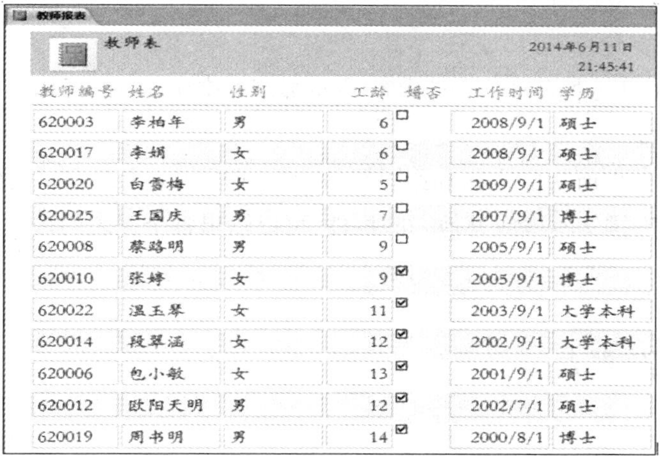
教师报表

教师表　　2014年6月11日 21:45:41

教师编号	姓名	性别	工龄	婚否	工作时间	学历
620003	李柏年	男	6	☐	2008/9/1	硕士
620017	李娟	女	6	☐	2008/9/1	硕士
620020	白雪梅	女	5	☐	2009/9/1	硕士
620025	王国庆	男	7	☐	2007/9/1	博士
620008	蔡路明	男	9	☐	2005/9/1	硕士
620010	张婷	女	9	☑	2005/9/1	博士
620022	温玉琴	女	11	☑	2003/9/1	大学本科
620014	段翠涵	女	12	☑	2002/9/1	大学本科
620006	包小敏	女	13	☑	2001/9/1	硕士
620012	欧阳天明	男	12	☑	2002/7/1	硕士
620019	周书明	男	14	☑	2000/8/1	博士

图5–3　报表打印显示(局部)

可以在报表中通过设置控件格式属性改变显示效果,也可在报表页眉中输出任何内容。

2. 页面页眉节

页面页眉中的文字或控件一般输出在每页的顶端。通常,它是用来显示数据的列标题。

在图5–2中,页面页眉节内安排的标题为“编号”、“姓名”等标签控件会输出在图5–3所示报表每页的顶端,作为数据的列标题。在报表的首页这些列标题输出在报表页眉的下方。

可以给每个控件文本标题加上特殊的效果,如加颜色、字体种类和字体大小等。

Access
数据库
技术及
应 用
情 境
教 程

Access
SHUJUKU
JISHUJI
YINGYONG
QINGJING
JIAOCHENG

190

一般来说,报表的标题放在报表页眉中,该标题输出时仅在第一页的开始位置出现。如果将标题移动到页面页眉中,则在每一页上都输出显示该标题。

3. 组页眉节

根据需要,在报表设计5个基本节区域的基础上,还可以使用"排序与分组"属性设置"组页眉 / 组页脚"区域,以实现报表的分组输出和分组统计。其中组页眉节内主要安排文本框或其他类型控件——输出分组字段等数据信息。

4. 主体节

主体节用来定义报表中最主要的数据输出内容和格式,将针对每条记录进行处理,各字段数据均要通过文本框或其他控件(主要是复选框和绑定对象框)绑定显示,可以包含通过计算得到的字段数据。

5. 组页脚节

组页脚节内主要安排文本框或其他类型控件显示分组统计数据。组页眉和组页脚可以根据需要单独设置使用。

6. 页面页脚节

一般包含有页码或控制项的合计内容,数据显示安排在文本框和其他一些类型控件中。

7. 报表页脚节

该节区一般是在所有的主体和组页脚输出完成后才会出现在报表的最后面。通过在报表页脚区域安排文本框或其他一些控件,可以输出整个报表的计算汇总或其他的统计信息。

任务2 创建报表

【任务引导】

Access中提供了5种创建报表的工具:"报表"、"报表设计"、"空报表"、"报表向导"和"标签"。其中"报表"是利用当前打开的数据表或查询自动创建一个报表;"报表设计"是进入报表设计视图,通过添加各种控件自己设计建立一张报表;"空报表"是创建一张空白报表,通过将选定的数据表字段添加进报表中建立报表;"报表向导"是借助向导的提示功能创建一张报表;"标签"是使用标签向导创建一组标签报表。

【知识储备】

知识点1 用"报表"工具创建报表

在实际应用过程中,为了提高报表的实际效率,对于一些简单的报表可以使用系统提供的生成工具生成,然后再根据需要进行修改。创建报表的工具见图5-4所示。

图5-4 创建报表的工具

知识点2 用"报表"工具创建报表

在实际应用中,在"设计视图"下可以灵活建立或修改各种报表,熟练掌握"报表设计"工具可提高报表设计的效率。

知识点3 用"空报表"工具创建报表

使用"空报表"工具创建报表也是另一种灵活、方便的方式。

知识点4 编辑报表

在报表的"设计视图"中可以创建报表,也可以对已有的报表进行编辑和修改,如添加页码及时间日期等美化工作。

1. 添加日期和时间

在报表"设计视图"中给报表添加日期和时间。操作步骤如下:

(1)打开报表,切换到"设计视图";在报表设计工具的"页眉/页脚"中单击"日期和时间"按钮。

(2)在打开的"日期和时间"对话框中选择显示日期和时间及显示格式,单击"确定"按钮即可。

此外,也可以在报表上添加一个文本框,设置其"控件来源"属性为日期或时间的计算表达式。

2. 添加分页符和页码

在报表中,可以在某一节中使用分页控制符来标志要另起一页的位置。也可在报表的"页面页眉/页脚"处为报表的每一页添加页码。

表5.1是报表中添加页码的常用格式。其中[page]表示当前页码,[pages]表示总页码。

表5.1 页码常用格式

代码	显示内容
="第"&[page]&"页"	第N(当前页)页
=[page]&"/"&[pages]	N/M(总页数)
="第"&[page]&"页,共"&[pages]&"页"	第N页,共M页

Access
数据库
技术及
应　用
情　境
教　程

Access
SHUJUKU
JISHUJI
YINGYONG
QINGJING
JIAOCHENG

192

3. 使用节

报表中的内容是以节划分的。每一个节都有其特定的目的,而且按照一定的顺序输出在页面及报表上。在"设计视图"中,节代表各个不同的带区,每一节只能被指定一次。在打印报表中,某些节可以指定很多次。可以通过放置控件来确定在节中显示内容的位置。

(1)添加或删除报表页眉、页脚和页面页眉、页脚在报表"设计视图"中,打开属性表网格,选择"报表页眉",然后可以在格式选项卡中设置属性"可见"为"是"或"否"。

页眉和页脚只能作为一对同时添加。如果不需要页眉或页脚,可以将相关节的"可见"属性设为"否",或者删除该节的所有控件,然后将其大小设置为零或将其"高度"属性设为"0"。

如果删除页眉和页脚,Access将同时删除页眉、页脚中的控件。

(2)改变报表的页眉、页脚或其他节的大小

可以单独改变报表上各个节的大小。但是,报表只有唯一的宽度,改变一个节的宽度将改变整个报表的宽度。

可以将鼠标放在节的底边(改变高度)或右边(改变宽度)上,上下拖动鼠标改变节的高度,或左右拖动鼠标改变节的宽度。也可以将鼠标放在节的右下角上,然后沿对角线的方向拖动鼠标,同时改变高度和宽度。

(3)为报表中的节或控件创建自定义颜色

如果调色板中没有需要的颜色,用户可以利用节或控件的属性表中的"前景颜色"(对控件中的文本)、"背景颜色"或"边框颜色"等属性框并配合使用"颜色"对话框来进行相应属性的颜色设置。

4. 绘制线条和矩形

在报表设计中,可通过添加线条或矩形来修饰版面,以达到一个更好的显示效果。

在报表上绘制线条的操作步骤如下:

(1)报表的"设计视图"中单击报表设计工具中的向下的箭头,即可打开"其他"控件。

(2)选择斜线按钮 \ ,单击报表的任意处可以创建默认大小的线条,或通过单击并拖动的方式可以创建自定义大小的线条。

利用"格式"工具栏中的"线条 / 边框宽度"按钮和"属性"按钮,可以分别更改线条样式(点、点画线等)和边框样式。

在报表上绘制矩形的操作步骤如下:

①选择"矩形"工具。

②单击窗体或报表的任意处可以创建默认大小的矩形,或通过拖动方式创建自定义大小的矩形。利用"格式"工具栏中的"线条 / 边框宽度"按钮和"属性"按钮,可以分别更

改线条样式(实线、虚线和点画线)和边框样式。

【工作任务】

【案例5-1】使用"报表"工具创建"教师"报表。

【案例效果】图5-5是用"报表"按钮创建的"教师"报表的打印预览效果。通过本案例的学习可以学会利用"报表"按钮创建报表的方法。

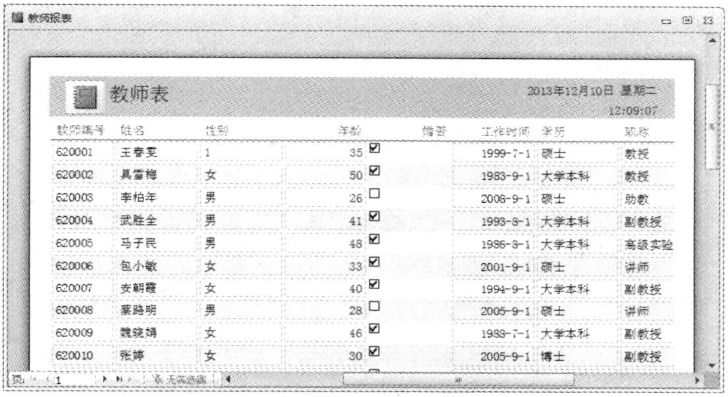

图5-5 "教师"报表打印预览效果

【设计过程】

(1)打开"教学管理"数据库,在导航窗格中双击"教师"表作为报表数据源。打开的"教师"表如图5-6所示。

图5-6 打开"教师表"

(2)在功能区创建选项卡的报表组中单击"报表"按钮,屏幕显示系统自动生成报表。根据需要调整报表中每列的宽度,使每一个人的数据完整显示在一页中。

(3)保存修改后的报表,单击屏幕左上角的"视图"按钮,选择"打印预览",Access进入打印预览时如图5-5所示。

Access
数据库
技术及
应用
情境
教程

Access
SHUJUKU
JISHUJI
YINGYONG
QINGJING
JIAOCHENG

194

【案例5-2】使用"设计视图"创建简单的"学生名单"报表。

【案例效果】图5-7是用报表"设计视图"创建的"学生名单"报表的打印预览效果。通过本案例的学习可以学会利用"设计视图"创建报表的方法。

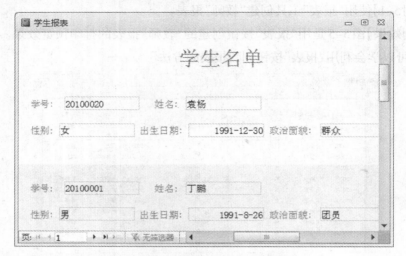

图5-7 "学生名单"报表打印预览效果

【设计过程】

(1)在功能区"创建"选项卡的"报表"组中,单击"报表设计"按钮,进入报表"设计视图",如图5-8所示。

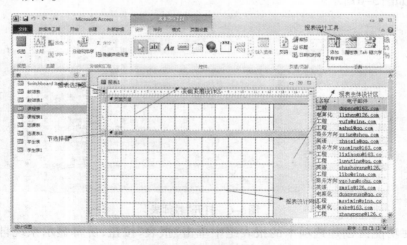

图5-8 报表设计视图

(2)在图5-8所示的报表设计网格右侧的空白区域单击右键,在出现的下拉菜单中选择"属性",弹出"属性表"窗格,如图5-9所示。

图5-9　"属性表"窗格

（3）在"属性表"中选择"数据"选项卡，单击"数据源"属性右侧的省略号按钮，打开查询生成器，如图5-10所示。

图5-10　打开查询生成器

（4）在打开的"显示表"对话框中双击"学生"表，关闭对话框。在查询生成器中选择需要输出的字段（学号、姓名、性别、年龄和政治面貌）添加到设计网格中，如图5-11所示。

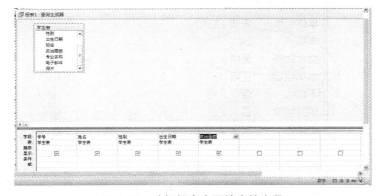

图5-11　选择报表中要输出的字段

Access
数据库
技术及
应　用
情　境
教　程

Access
SHUJUKU
JISHUJI
YINGYONG
QINGJING
JIAOCHENG

196

（5）将报表保存为"学生列表"，关闭查询生成器。完成数据源设置之后，关闭"属性表"，返回报表的"设计视图"。单击工具组中的"添加现有字段"按钮，在屏幕右侧打开"字段列表"对话框，如图5-12所示。将字段列表中的字段依次拖拽到报表的主体节中，并适当调整位置。

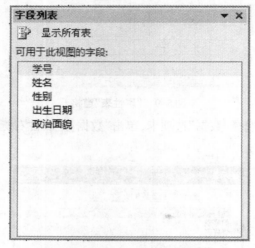

图5-12　"字段列表"对话框

（6）在图5-9所示的"页面页眉"节中，单击报表设计工具中的"标签"控件，然后在"页面页眉"节的中间进行拖拽，设定适当的大小，在标签中输出"学生名单"，然后再次选中该标签，单击右键，打开如图5-13所示的"属性表"窗格。在"属性表"窗格中设置字号为"24磅"、文本对齐方式为"居中"，完成后的设计结果如图5-14所示。

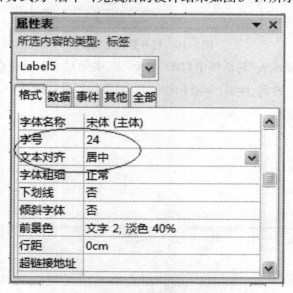

图5-13　"属性表"窗格

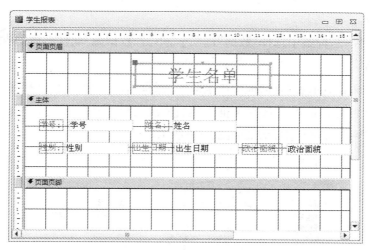

图5-14 完成后的"设计视图"

(7)保存报表,切换到"打印预览视图",可见如图5-7所示的报表效果。

【案例5-3】使用"设计视图"来创建如图5-15所示的"学生成绩"报表。

【案例效果】图5-15是用报表"设计视图"创建的"学生成绩"报表的打印预览效果。通过本案例的学习可以学会利用"设计视图"创建多表报表的方法。

图5-15 学生成绩表(局部)

【设计过程】

(1)在功能区"创建"选项卡的"报表"组中,单击"报表设计"按钮,进入报表"设计视图"。在报表设计网格右侧的空白区域单击右键,在出现的下拉菜单中选择"属性",弹出

Access
数据库
技术及
应用
情境
教程

Access
SHUJUKU
JISHUJI
YINGYONG
QINGJING
JIAOCHENG

198

"属性表"窗格。

（2）在"属性表"标签中选择"数据"选项卡，单击"数据源"属性右侧的省略号按钮，打开查询生成器。

（3）在打开的"显示表"对话框中依次双击"课程"表、"学生"表和"选课"表，将它们放入查询生成器的上半部分，关闭对话框。然后依次选择需要输出字段学号、姓名、课程名称和成绩添加到设计网格中，结果如图5-16所示。

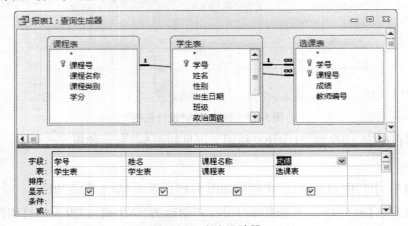

图5-16 查询设计器

（4）将报表保存为"学生成绩报表"，关闭查询生成器。完成数据源设置之后，关闭"属性表"窗格，返回报表的"设计视图"。

（5）单击功能区"页眉／页脚"工具组中的"标题"按钮，在报表设计区的两端会新增"报表页眉"节和"报表页脚"节，"报表页眉"节如图5-17所示。此时可以输入报表标题"学生成绩表"，并可以根据需要设置相关的属性。

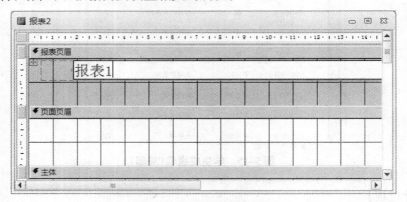

图5-17 设计报表页眉

（6）单击工具组中的"添加现有字段"按钮，在屏幕右侧打开如图5-18的"字段列表"窗格。将字段列表中的字段依次拖拽到报表的主体节中，删除字段前用于显示字段名称的标签,并适当调整位置。

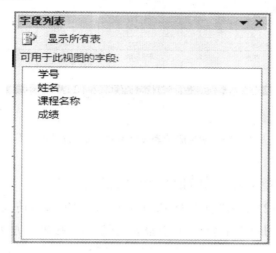

图5-18 "字段列表"窗格

(7)单击报表设计工具中的"标签"控件,在页面页眉节中添加4个标签,分别输入:
"学号"、"姓名"、"课程名称"和"成绩"。同时可以设定标签的相关控件属性,调整文字的
颜色和大小。

(8)单击功能区"页眉/页脚"工具组中的"页码"按钮,打开如图5-19所示的对话
框。选择"第N页,共M页"格式,选择"页面底端(页脚)"位置,单击"确定"按钮。

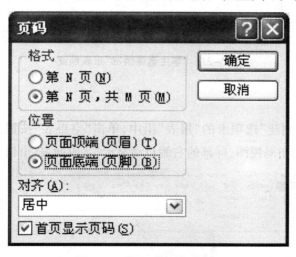

图5-19 "页码"设置对话框

(9)根据需要适当调整相关控件的位置,设置相关属性,并适当调整主体节的宽度,
保存。完成后的"设计视图"如图5-20所示,切换到打印预览即可得到如图5-15所示的
报表。

Access
数据库
技术及
应用
情境
教程

Access
SHUJUKU
JISHUJI
YINGYONG
QINGJING
JIAOCHENG

200

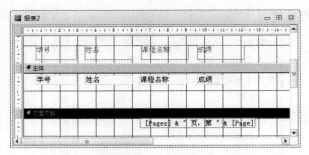

图5-20　学生成绩表设计完成后的"设计视图"

【案例5-4】使用"空报表"工具创建"学生选课情况表"。

【案例效果】图5-21是用"空报表"按钮创建的"学生选课情况"报表的打印预览效果。通过本案例的学习可以学会利用"空报表"创建多表报表的方法。

图5-21　"学生选课情况"报表预览

【设计过程】

(1)在功能区"创建"选项卡的"报表"组中,单击"空报表"按钮。显示如图5-22所示,直接进入报表的布局视图,屏幕的右侧自动显示"字段列表"窗格。

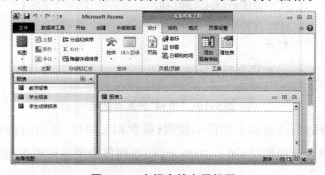

图5-22　空报表的布局视图

（2）在"字段列表"窗格中单击"显示所有表"选项，单击"课程"表前面的"+"号，在窗格中会显示出该表所包含的字段名称，如图5-23所示。

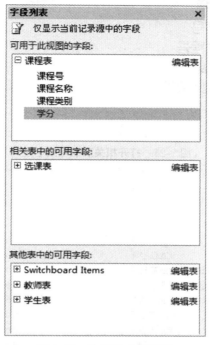

图5-23 在窗格中打开表

（3）依次双击窗格中需要输出的字段：课程号、课程名称、课程类别和学分，结果如图5-24所示。

图5-24 向报表中添加字段

（4）在"相关表的可用字段"中单击"选课表"表前面的"+"号，显示出表中包含的字段，如图5-25所示。双击"学号"，显示的报表如图5-26所示。此时，屏幕右侧的"字段列表"窗格也随之发生变化。

Access
数据库
技术及
应用
情境
教程

Access
SHUJUKU
JISHUJI
YINGYONG
QINGJING
JIAOCHENG

202

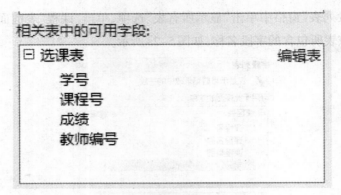

图5-25 打开相关表的可用字段

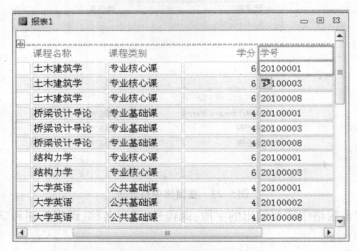

图5-26 添加相关字段

(5)在"相关表的可用字段"中单击"学生表"表前面的"+"号,显示出表中包含的字段,如图5-27所示。

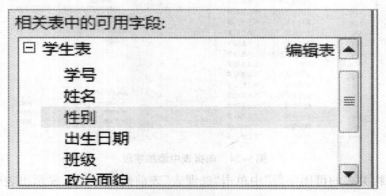

图5-27 打开相关表的可用字段

(6)双击"姓名",显示的报表如图5-28所示。保存设计,输入表名"学生选课列表"。切换到"打印预览",可以看见报表输出如图5-21所示。

图5-28 添加相关字段

【实战演练】

1. 以"学生表"为数据源,使用"报表"工具创建"学生"报表。

2. 以"教师表"为数据源,使用"设计视图"来创建"教师信息"报表,要求输出"教师编号"、"姓名"、"性别","职称"和"学历"几个字段。

3. 以"学生表"、"课程表"和"选课表"为数据源,使用"设计视图"来创建"学生选课成绩"报表。要求输出"学号"、"姓名"、"课程号"、"课程名称"、"成绩"几个字段的内容。

4. 以"学生表"为数据源,使用"空报表"工具创建"学生信息报表"。

5. 以"教师表"为数据源,使用"标签"工具创建"教师基本信息卡"报表,要求输出"教师编号"、"姓名"、"性别"、"职称"、"学历"和"年龄"几个字段内容。

【任务评价】

Access
数据库
技术及
应用
情境
教程

Access
SHUJUKU
JISHUJI
YINGYONG
QINGJING
JIAOCHENG

204

任务3　报表排序和分组

【任务引导】

缺省情况下,报表中的记录是按照自然顺序,即数据输入的先后顺序排列显示的。在实际应用过程中,经常需要按照某个指定的顺序排列记录数据,例如按照年龄从小到大排列等,称为报表"排序"操作。此外,报表设计时还经常需要就某个字段按照其值的相等与否划分成组来进行一些统计操作并输出统计信息,这就是报表的"分组"操作。

【知识储备】

知识点1　用"报表"工具创建报表

在设计报表时,可以让报表中的输出数据按照指定的字段或字段表达式进行排序。

知识点2　记录分组

分组是指报表设计时按选定的某个(或几个)字段值是否相等而将记录划分成组的过程。操作时,先要选定分组字段,将字段值相等的记录归为同一组,字段值不等的记录归为不同组。通过分组可以实现同组数据的汇总和输出,增强了报表的可读性。一个报表中最多可以对10个字段或表达式进行分组。

【工作任务】

【案例5-5】在"教师报表"中按照"年龄"由小到大(升序)进行排序输出,相同年龄按教师编号(升序)进行排序。

【案例效果】图5-29是对"教师报表"按照年龄(升序)和编号(升序)排序后的报表预览效果。通过该案例的学习可以学会在报表中对字段排序的方法。

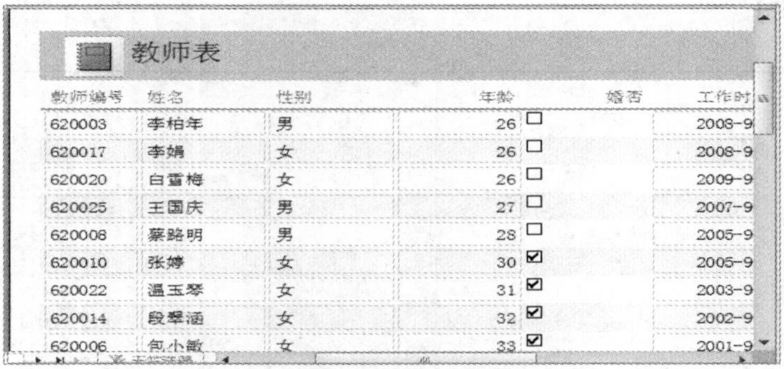

图5-29　排序后的报表预览结果

【设计过程】

（1）打开"教师报表"，进入"设计视图"；单击"分组与排序"按钮，屏幕显示如图 5-30 所示。

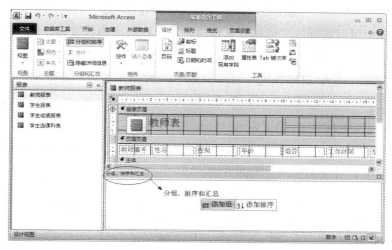

图5-30 进行排序与分组操作

（2）单击"添加排序"按钮，弹出"字段列表"窗格如图 5-31 所示。选择"年龄"，屏幕下方的"分组、排序和汇总"区中显示如图 5-32 所示。

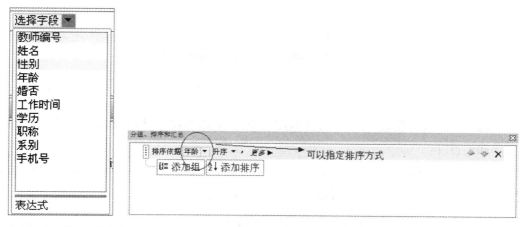

图5-31 "字段列表"窗格　　　　**图5-32 指定"年龄"为排序字段**

（3）单击"添加排序"按钮，弹出"字段列表"窗格如图 5-31 所示。选择"教师编号"，屏幕下方的"分组、排序和汇总"区中显示如图 5-33 所示。

Access
数据库
技术及
应用
情境
教程

Access
SHUJUKU
JISHUJI
YINGYONG
QINGJING
JIAOCHENG

206

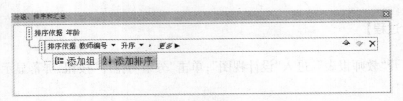

图5-33　指定"教师编号"为排序字段

在此过程中可以选择排序依据及其排序次序。在报表中设置多个排序字段时,先按第一排序字段值排序,第一排序字段值相同的记录再按第二排序字段值排序,以此类推。

(4)保存报表,进入"打印预览",可得到如图5-29所示报表预览效果。

【案例5-6】按职称对"教师报表"进行分组统计。

【案例效果】图5-34是按职称对"教师报表"进行分组统计后的预览效果。通过该案例的学习可以学会对报表字段分组的方法。

图5-34　按职称分组后的报表预览效果(局部)

【设计过程】

(1)打开"教师报表",进入"设计视图",单击"分组和排序"使屏幕的下方出现"分组、排序和汇总"区。

(2)单击"添加组"按钮,在弹出的字段菜单中选择"职称",屏幕显示如图5-35所示。此时出现"职称页眉"节,可以根据需要设置其他分组属性。

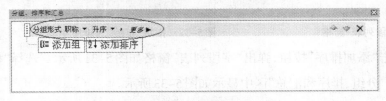

图5-35　添加组

(3)打开"属性表"窗格,将职称页眉对应的"组页眉0"中的"高度"属性设置为1cm,

如图5-36所示。此时,可以根据需要设置"职称页眉"的其他属性。

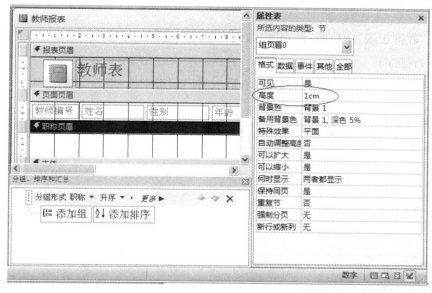

图5-36　设置组页眉

(4)将原来"页面页眉"节中"教师"移到"职称页眉"节中,主体节内的"职称"文本框移至"职称页眉"节,如图5-37所示。

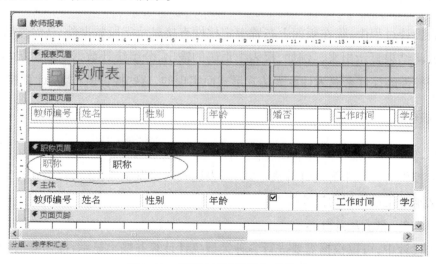

图5-37　设置职称页眉和相关格式

(5)保存报表,切换到"打印预览",报表显示效果如图5-34所示。

【提示】对已经设置排序或分组的报表,可以在上述排序或分组设置环境里进行以下操作:添加排序分组字段或表达式。删除排序、分组字段或表达式,更改排序、分组字段表达式。

Access
数据库
技术及
应 用
情 境
教 程

Access
SHUJUKU
JISHUJI
YINGYONG
QINGJING
JIAOCHENG

208

【实战演练】

1. 在"教师报表"中按照"性别"由大到小(降序)进行排序输出,相同性别按教师学历(升序)进行排序。

2. 按性别对"教师报表"进行分组,在同一"性别"组中按"年龄"进行分组。

【任务评价】

任务4 使用计算控件

【任务引导】

报表设计过程中,除在版面上布置绑定控件直接显示字段数据外,还经常要进行各种运算并将结果显示出来。例如,报表中页码的输出、分组统计数据的输出等均是通过设置绑定控件的控件来源为计算表达式形式而实现的,这些控件就称为"计算控件"。

【知识储备】

知识点1 报表添加计算控件

计算控件的控件来源是计算表达式,当表达式的值发生变化时,会重新计算结果并输出。文本框是最常用的计算控件。

知识点2 报表统计计算

报表设计中,可以根据需要进行各种类型统计计算并输出显示,操作方法就是将计算控件的"控件来源"设置为需要统计计算表达式。

在 Access 中利用计算控件进行统计运算并输出结果,有两种操作形式:

1. 主体节内添加计算控件

在主体节内添加计算控件对记录的若干字段求和或计算平均值时,只要设置计算控件的"控件来源"为相应字段的运算表达式即可。这种形式的计算还可以移到查询设计当中,以改善报表操作性能。若报表数据源为表对象,则可以创建一个选择查询,其中添加计算字段完成计算;若报表数据源为查询对象,则可以再添加计算字段完成计算。

2. 组页眉／组页脚节区内或报表页眉／报表脚节节区内添加计算字段

在组页眉／组页脚内或报表页眉／报表页脚内添加计算字段,对记录的若干字段求和或进行统计计算,这种形式的统计计算一般是对报表字段列的纵向记录数据进行统计,而且要使用Access提供的内置统计函数完成相应计算操作。

如果是进行分组统计并输出,则统计计算控件应该布置在"组页眉／组页脚"节区内相应位置,然后使用统计函数设置控件源即可。

知识点3 报表常见函数

报表设计中,常见的函数见表5.2所示。

表5.2 报表中的常用函数

函 数	功 能
Avg	计算指定字段的平均值
Count	计算指定字段的记录个数
First	返回指定范围内多条记录中的第一条记录的字段值
Last	返回指定范围内多条记录中的最后一条记录的字段值
Max	计算指定范围内多条记录中的最大值
Min	计算指定范围内多条记录中的最小值
Sum	计算指定范围内多条记录中指定字段的和
Date	返回当前日期
Now	返回当前日期和时间
Time	返回当前时间
Year	返回当前年份

【工作任务】

【案例5-7】在"教师信息"报表设计视图中根据教师"工作时间"字段使用计算控件算出教师的工龄。

【案例效果】图5-38是在"教师信息"报表中利用计算控件得到的教师工龄字段。通过该案例的学习可以学会在报表使用计算控件的方法。

Access
数据库
技术及
应用
情境
教程

Access
SHUJUKU
JISHUJI
YINGYONG
QINGJING
JIAOCHENG

210

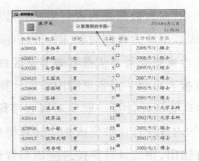

图5-38　计算教师"工龄"的报表预览效果

【设计过程】

（1）打开"教师报表"，进入"设计视图"，如图5-39所示。

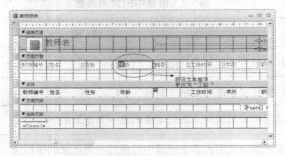

图5-39　教师信息表设计视图

（2）将页面页眉节内的"年龄"标签标题更改为"工龄"。

（3）选择主体节中的与"工龄"位置对应的控件（名为"年龄"），在"属性表"窗体中选择"全部"卡片，设置"名称"属性为"工龄"，设置"控件来源"属性为工龄的表达式"=Year（Data（））-Year（[工作时间]）"，如图5-40所示。

注意，计算控件的控件来源必须是等号"="开头的计算表达式。

图5-40　"工龄"字段"控件来源"属性设置

(4)将报表保存为"教师工龄报表",切换到"打印预览视图",预览报表中计算控件显示结果,如图5-38所示。

【提示】根据需要,可以在报表设计中增加新的文本框,然后通过添加设置控件来源中的表达式完成更复杂的计算。

【实战演练】

1.在"教师信息"报表设计视图中的"报表页脚"处使用计算控件算出教师的平均年龄。(要求年龄值用红色加粗表示)

2.在"教师信息"报表设计视图中的"性别组页脚"处使用计算控件算出男女教师的各自的平均年龄。(要求年龄值用蓝色加下划线表示)

【任务评价】

【习题】

一、选择题

1.在Access 2010中,报表可以基于(　　)来创建。

　　A.窗体　　　　　　　　B.查询　　　　　　　　C.报表　　　　　　　　D.SQL语句

2.用来显示报表中的字段名称或记录的分组名称的区域是(　　)。

　　A.报表页眉　　　　　　B.设计视图　　　　　　C.报表页脚　　　　　　D.页面页脚

3.下列不是报表的视图选项是(　　)。

　　A.数据表视图　　　　　B.设计视图　　　　　　C.打印预览视图　　　　D.版面预览视图

4.要对报表中的一组记录进行计数,应将计算控件添加到(　　)。

　　A.主体节　　　　　　　　　　　　　　　B.组页眉节/组页脚节

　　C.页面页眉/页面页脚节　　　　　　　　D.报表页眉/报表页脚节

Access
数据库
技术及
应 用
情 境
教 程

Access
SHUJUKU
JISHUJI
YINGYONG
QINGJING
JIAOCHENG

212

5. 报表的作用不包括( )。

    A. 分组数据   B. 汇总数据   C. 格式化数据   D. 输入数据

6. 下列区域中哪一个区域将出现在打印好的报表的每一页上( )。

    A. 报表页眉   B. 页面页眉   C. 报表页脚   D. 分组页眉

7. Access2010共提供了( )种报表类型。

    A. 3   B. 4   C. 5   D. 6

8. 以下不属于报表的功能的是( )。

    A. 分类   B. 汇总   C. 统计   D. 筛选

9. 编辑报表时不包括( )。

    A. 排序数据   B. 分组数据

    C. 数据图表   D. 添加页码和当前日期

10. 要显示格式为"页码/总页数"的页码,应当设置文本框控件的控件来源属性是( )

    A. [Page]/[Pages]   B. =[Page]/[Pages]

    C. [Page]&"/"&[Pages]   D. =[Page]&"/"&[Pages]

二、填空题

1. 报表的三种视图分别是_____、_____、_____。

2. 在报表中,最常用的计算机控件是_____。

3. 在报表设计视图中可通过_____菜单添加"页码"和"当前日期"。

4. 报表的组成比窗体组成多了两部分是_____、_____。

5. 一个报表最多可按_____个字段或表达式进行排序。

6. 在报表中对记录设置分组是通过设置排序字段的_____和_____来实现的。

7. _____视图主要是用于查看报表的版面布局。

8. 要对报表中的所有记录进行汇总,应将控件放在报表的_____位置。

9. 显示报表的汇总数据需要_____函数。

10. 报表数据输出不可缺少的区域是_____。

学习情境六

宏

情境描述

本情境要求学生了解宏的基本概念;学会宏、条件操作宏和宏组的创建方法;学会宏的编辑、运行和调试方法,能够运用宏增强系统的功能。本情境参考学时为8学时。

学习目标

学会创建简单宏。

学会创建条件操作宏。

学会创建宏组。

学会编辑和调试宏。

工作任务

任务1　创建宏

任务2　运行与调试宏

学习情境六　宏

任务1　创建宏

【任务引导】

宏是 Access 中的一个对象,是由一个或多个操作组成。它的一个操作是由一段程序(代码)构成,它的操作程序已经由 Access 系统生成,用户只需掌握宏操作的名称,不必关心程序的具体内容,宏能够自动执行一个或多个操作来完成一个或多个任务。如打开一个窗体,只要在宏中输入 Open Form,执行宏就能打开一个指定的窗体。一个宏中可设计一个或多个操作,当宏中有多个操作时,按照从上到下的顺序执行。

【知识储备】

知识点1　宏设计窗口

创建宏时必须在宏设计窗口中进行。在"创建"选项卡中单击"宏与代码"组中的"宏"按钮,打开宏设计窗口,如图6-1所示。在"添加新操作"下拉列表中选择一个宏操作,或在"操作目录"窗格中选择一个宏操作双击,打开相应宏的设置参数框,然后进行设置。如选择OpenForm(打开窗体),在如图6-2中设置相应的参数。

Access
数据库
技术及
应 用
情 境
教 程

Access
SHUJUKU
JISHUJI
YINGYONG
QINGJING
JIAOCHENG

216

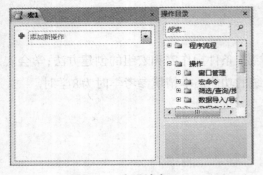

图6-1　宏设计窗口1

图6-2　宏设计窗口2

知识点2　常用宏操作

Access 2010提供了70多种宏操作。用户可以利用这些宏操作设计出各种各样的应用程序。根据用途可将这些宏操作分为以下几类：

(1)信息提示。在程序运行过程中给出相关提示信息,如弹出提示消息框、发出声音等。

(2)对数据库对象进行操作。在任意视图模式中打开或关闭数据表、查询、窗体或报表及窗口操作。

(3)自定义菜单栏、工具栏。

(4)其他操作。如查找、复制、输出数据等。

详细的宏操作如表6.1所示。

表6.1　宏操作明细表

宏操作名称	说　　明
AddMenu	在窗体或报表中创建自定义菜单、快捷菜单和全局快捷菜单。
ApplyFilter	将筛选、查询或SQL Where子句应用到表、窗体或报表,以便对表中的记录或窗体或报表的查询进行限制或排序。
Beep	使计算机发出嘟嘟声。
CancelEven	取消导致该宏运行的Access事件。
Close	关闭指定的对象窗口。
CopyDatabaseFile	复制当前数据库文件。
CopyObject	将对象复制到其他数据库。
DeleteObject	删除指定对象。
Echo	显示或隐藏执行过程中宏的结果。
FindNext	查找指定条件的下一条记录。
FindRecord	查找符合指定条件的第一条或下一条记录。
GoToControl	将焦点移动到指定的字段或控件上。
GoToPage	将焦点移动到激活窗体指定页的第一个控件上。
GoToRecord	将查询结果集中的记录指定为当前记录。
Hourglass	当宏执行时,将鼠标指针变为沙漏形状。
Maximize	使活动窗口最大化。

宏操作名称	说　　明
Minimize	使活动窗口最小化。
MoveSize	移动活动窗口或调整其大小。
MsgBox	显示包含警告信息或提示信息的消息框。
OpenDataAccessPase	在页面视图或设计视图中打开数据访问页。
OpenDiagram	打开数据库图表。
OpenForm	在窗体视图、设计视图、打印预览或数据表视图打开窗体。
OpenFunction	打开数据库对象中用户自定义函数。
OpenModule	在指定过程中打开指定的 VBA 模块。
OpenQuery	在数据表视图、设计视图、打印预览中打开选择查询或交叉表查询。
OpenReport	在设计视图或打印预览中打开报表或将报表直接发送打印机。
OpenStoredProcedure	在数据表视图设计视图或打印预览中打开存储过程。
OpenTable	在数据表视图、设计视图或打印预览中打开表。
OpenView	在数据表视图、设计视图或打印预览中打开视图。
OutputTo	将指定的数据库对象输出为多种格式。
PrintOut	打印打开的数据库中对象。
Quit	退出 Access 数据库系统。
Rename	重命名一个指定的数据库对象。
RepaintObject	在指定对象上完成所有未完成的屏幕更新或控件的重新计算。
Requery	在激活的对象上实施指定控件的重新查询。
Restore	将处于最大化或最小化的窗口恢复为原来大小。
RunApp	启动一个 Windows 或 MS–DOS 应用程序。
RunCode	调用 Visual Basic 的 Function 过程。
RunCommand	运行 Access 的内置命令。
RunMacro	运行指定的宏。
RunSQL	执行指定的 SQL 语句。
Save	保存指定的对象。
SelectObject	选择指定的数据库对象。
SendKeys	把按键直接传送到 Access 或其他的 Windows 应用程序。
SendObject	将指定的 Access 数据库对象包含在电子邮件中,以便查看和发送。
SetMenuItem	为激活窗口设置自定义菜单上菜单项的状态,仅适用于用菜单栏宏所创建的自定义菜单
SetValue	对窗体或报表上的控件、字段或属性设置值。
SetWarnings	打开或关闭系统的警告系统。
ShowAllRecords	清除以前应用于活动表、查询或窗体的所有筛选。
ShowToolbar	显示或隐藏内置工具栏或自定义工具栏。
StopAllMacros	停止所有运行的宏。

Access
数据库
技术及
应 用
情 境
教 程

Access
SHUJUKU
JISHUJI
YINGYONG
QINGJING
JIAOCHENG

218

宏操作名称	说　　明
StopMacro	停止当前正在运行的宏。
TransferDatabase	Access 数据库与其他数据库之间进行导入或导出数据操作。
TransferSpreadsheet	Access 数据库与电子表格之间进行导入或导出数据操作。
TransferSQLDatabase	传输 SQL Server 数据库对象。
TransferText	Access 数据库与文本文件之间进行导入或导出数据操作。

知识点3　宏的分类

Access 中的宏对象可分为简单宏、条件宏和宏组3类。

(1)简单宏中有一个或多个宏操作,按照自上而下的顺序执行。

(2)条件宏是在对应的宏操作中写上要执行操作的条件,当满足条件时,该操作才执行,否则不执行,继续执行下一个操作。在 Access2010 中条件宏是使用 If…EndIf 的形式,If 作为一个宏的操作,相应的操作是嵌套在 If 中。操作方法是先添加 If 操作,在 If 框中写上相应的条件,然后在 If 操作中添加相应的操作。

(3)宏组是由多个有宏名的操作组成的宏,宏组直接运行时,只有第一个宏运行,其余的宏不运行。要运行宏组中的宏,常常采用窗体或报表中触发控件的事件或菜单等方法。

知识点4　运行宏

宏创建后,只有运行宏才能完成其应有的功能,运行宏有以下几种方法:

(1)在导航窗格中,双击要运行的宏。

(2)在"数据库工具"选项卡中,单击"宏"组的"运行宏"按钮。

(3)在导航窗格中,右击要运行的宏,在快捷菜单中选择"运行"。

(4)当宏在设计窗口时,在"宏工具设计"选项卡的"工具"组中,单击"运行"按钮,或按F5键。

知识点5　自启动宏

宏名为 autoexec 的宏是一个特殊的宏,该宏可以在每次打开数据库时自动运行。若在打开数据库时不想运行它,可以在打开数据库的同时按住 Shift 键取消自启动宏的打开。

【工作任务】

【案例6-1】创建一个简单宏"退出系统",运行宏后显示一个"感谢您的使用,再见!"的消息框,然后关闭消息框的同时关闭 Access 系统。

【案例效果】图6-3是退出系统消息框,通过本案例可以学会创建简单宏的方法,并会用消息框制作提示信息。

图6-3　退出系统消息框

【设计过程】

(1)打开"教学管理"数据库,在"创建"选项卡的"宏与代码"组中单击"宏"按钮,打开如图6-1所示的设计器。

(2)在"添加新操作"下拉列表中选择"MessageBox",在"消息"框中输入"感谢您的使用,再见!";在"发嘟嘟声"框中选择"是",当弹出消息框时发出嘟声;在"类型"框中选择"信息",以在消息框中显示消息图标;在"标题"框中输入"退出系统",以在消息框中显示标题。

(3)在"添加新操作"下拉列表中选择"QuitAccess",在"选项"下拉列表中选择"退出",设计器中的内容如图6-4所示,保存并关闭"退出系统宏"。

图6-4　退出系统宏设计器

【案例6-2】利用宏启动登录窗口,在登录窗口中,当输入正确的用户名"user"和密码"123456"时,单击"登录"按钮,显示一个"欢迎使用教学管理系统"消息框,同时关闭登录窗口;当输入的用户名和密码不正确时,显示"您输入有误,请重新输入"消息框,同时将用户名和密码框置空。

【案例效果】图6-5是登录窗口。通过本案例可以学会条件宏的制作方法,利用窗体

Access
数据库
技术及
应 用
情 境
教 程

Access
SHUJUKU
JISHUJI
YINGYONG
QINGJING
JIAOCHENG

220

控件设置宏的操作条件和使用窗体控件运行宏。

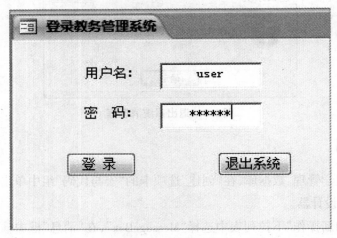

图6-5　登录窗口

【设计过程】

（1）首先在窗体设计视图中制作登录窗体，窗体由2个标签、2个文本框和2个命令按钮组成，如图6-6所示。窗体格式如图6-7所示，"密码"文本框数据格式为"掩码"方式。

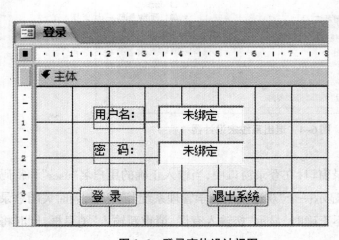

图6-6　登录窗体设计视图

图6-7　登录窗体格式

（2）制作"登录"宏。根据本任务的要求，当满足条件时操作才能执行，为此该宏必须是一个条件宏。当设计一个条件宏时,操作是嵌套在"If…End If"中的。在"创建"选项卡的"宏与代码"中,单击"宏"按钮,打开宏设计器,按以下设置宏操作:

①OpenForm

窗体名称:登录

视图:窗体

窗体模式:普通

②条件(If):[Forms]![登录]![用户名]="user" And [Forms]![登录]![密码]="123456"

MessageBox

消息:欢迎使用教学管理系统

发嘟嘟声:是

类型:信息

标题:欢迎

③条件(If):[Forms]![登录]![用户名]="user" or [Forms]![登录]![密码]<>"123456"

MessageBox

消息:您输入有误,请重新输入!

发嘟嘟声:是

类型:警告!

标题:出错了

④条件(If):[Forms]![登录]![用户名]="user" or [Forms]![登录]![密码]<>"123456"

SetLocalVal

名称:[Forms]![登录]![用户名]

表达式:"　　"

⑤条件(If):[Forms]![登录]![用户名]="user" or [Forms]![登录]![密码]<>"123456"

SetLocalVal

名称:[Forms]![登录]![密码]

表达式:"　　"

⑥Close

对象类型:窗体

对象名称:登录

保存:提示

结果如图6-8所示,保存宏为"登录(宏启动)",关闭宏设计器。

Access
数据库
技术及
应用
情境
教程

Access
SHUJUKU
JISHUJI
YINGYONG
QINGJING
JIAOCHENG

222

图6-8　登录宏设计器

（4）在"登录"窗体设计视图中，右击"登录"按钮，在属性表窗口中选择"单击"事件为"登录"宏，如图6-9所示。

图6-9　登录按钮事件

（5）在"登录"窗体设计视图中，右击"退出系统"按钮，在属性表窗口中选择"单击"事件为"退出系统"宏，如图6-10所示。

属性表

所选内容的类型：命令按钮

Command5

| 格式 | 数据 | 事件 | 其他 | 全部 |

单击	退出系统
获得焦点	
失去焦点	
双击	
鼠标按下	
鼠标释放	
鼠标移动	
键按下	
键释放	
击键	
进入	
退出	

图6-10　退出系统按钮事件

（6）保存并关闭"登录"窗体。运行"登录（宏启动）"宏，将打开如图6-5登录窗口，当输入正确的用户名和密码，单击"登录"按钮时，会弹出"欢迎"消息框，当输入不正确时，会弹出"出错了"消息框。

【案例6-3】利用宏创建一个学生成绩等级判断窗口，当成绩在一个等级范围内时，显示该等级的信息。成绩大于90为"优秀"；成绩大于等于80小于90为"良好"；成绩大于等于60小于80为及格；成绩小于60为"不及格"。

【案例效果】图6-11是学生成绩等级判断窗口。通过本案例的学习可以进一步熟练条件宏的创建和应用。

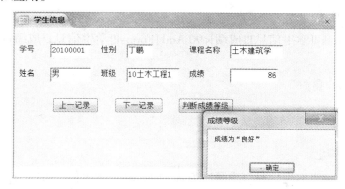

图6-11　学生成绩判断窗口

Access
数据库
技术及
应用
情境
教程

Access
SHUJUKU
JISHUJI
YINGYONG
QINGJING
JIAOCHENG

224

【设计过程】

(1)首先在窗体设计视图中制作"学生信息"窗体,窗体中有6个标签、6个文本框和3个命令按钮组成,如图6-12所示。窗体中文本框数据来源为"显示学生成绩"查询。

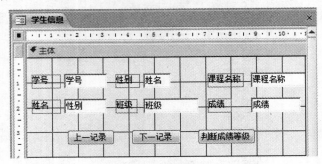

图6-12　学生信息窗体

(2)制作"判断成绩等级"宏。根据本任务的要求,成绩区间不同,显示的等级不同,必须创建条件宏。打开教学管理数据库,在"创建"选项卡中,打开宏设计器,在宏设计器中按照下列步骤设置宏操作,宏设计器中的内容如图6-13所示。

①OpenForm

窗体名称:学生信息

视图:窗体

窗体模式:普通

②条件:[Forms]![学生信息]![成绩]>=90

MsgBox

消息:成绩为"优秀"

发嘟嘟声:是

类型:无

标题:成绩等级

③条件:[Forms]![学生信息]![成绩]<90 And [Forms]![学生信息]![成绩]>=80

MsgBox

消息:成绩为"良好"

发嘟嘟声:是

类型:无

标题:成绩等级

④条件:[Forms]![学生信息]![成绩]<80 And [Forms]![学生信息]![成绩]>=60

MsgBox

消息:成绩为"及格"

发嘟嘟声:是

类型:无

标题:成绩等级

⑤条件:[Forms]![学生信息]![成绩]<60

MsgBox

消息:成绩为"不及格"

发嘟嘟声:是

类型:无

标题:成绩等级

⑥StopMacro 停止宏。当本宏运行一遍后要停止等待下一条记录的学生成绩。

保存宏为"判断成绩等级",关闭宏设计器。

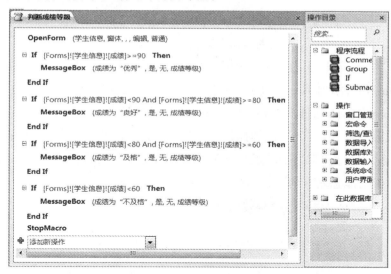

图6-13 判断成绩等级宏设计器

(3)在"学生信息"窗体设计视图中,右击"判断成绩等级"按钮,在属性表窗口中选择"单击"事件为"判断成绩等级"宏,保存并关闭"学生信息"窗体。

(4)运行"判断成绩等级"宏,将打开如图6-11"学生成绩等级判断"窗口,单击"判断成绩等级"按钮,按照每个学生成绩的范围,显示相应的等级信息。单击"下一记录"或"上一记录"来查看每个学生的成绩等级。

【案例6-4】创建学生统计宏组。由"各班人数"宏、"选课成绩总分大于300"、"学生平均成绩和最高成绩"宏组成,能够分别统计各班人数和选课成绩总分大于300的学生

Access
数据库
技术及
应 用
情 境
教 程

Access
SHUJUKU
JISHUJI
YINGYONG
QINGJING
JIAOCHENG

226

信息和成绩及学生平均成绩和最高成绩。该宏组由一个窗体中的3个命令按钮分别运行。

【案例效果】该案例的宏组打开"班级人数"、"选课成绩大于300"2个窗体和"学生成绩汇总表"查询组成,宏组由"学生统计"窗体中的三个命令按钮分别引导运行。通过本案例可以学会创建宏组的方法。

【设计过程】

(1)首先制作学生统计窗体,如图6-14所示。

图6-14 "学生统计"窗体

(2)制作"学生统计"宏组。在"创建"选项卡中,打开宏设计器,在右侧的"操作目录"中双击"Submacro",添加第一个带子宏的操作,"子宏:(宏名)"为"班级人数",在子宏中添加"OpenForm"操作,窗体为"各班人数";用同样的方法添加第二个带子宏的操作,宏名为"选课成绩总分大于300",添加操作为"打开总分大于300"的学生窗体;添加第三个带子宏的操作,宏名为"学生平均成绩和最高成绩",添加新操作选择"OpenQuery",查询名称为"学生成绩汇总表查询",如图6-15所示,保存并关闭宏。

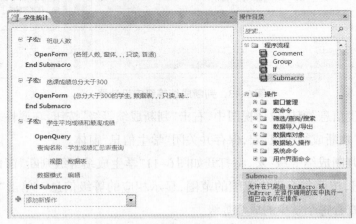

图6-15 "学生统计"宏组设计器

(3)将"学生统计"窗体中的"班级人数"按钮的单击事件设置为宏"学生统计.班级人数";将"选课总成绩大于300"按钮的单击事件设置为宏"学生统计.选课成绩总分大于

300”，将“学生平均成绩和最高成绩”按钮的单击事件设置为宏“学生平均成绩和最高成绩”。

（4）运行“学生统计”窗体，单击“班级人数”按钮，打开各班人数窗体，如图6–16所示。

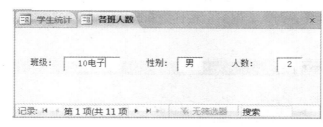

图6–16 班级人数窗体

（5）在“学生统计”窗体中，单击“选课总成绩大于300”按钮，打开选课总成绩大于300窗体，如图6–17所示。

总分大于300的学生

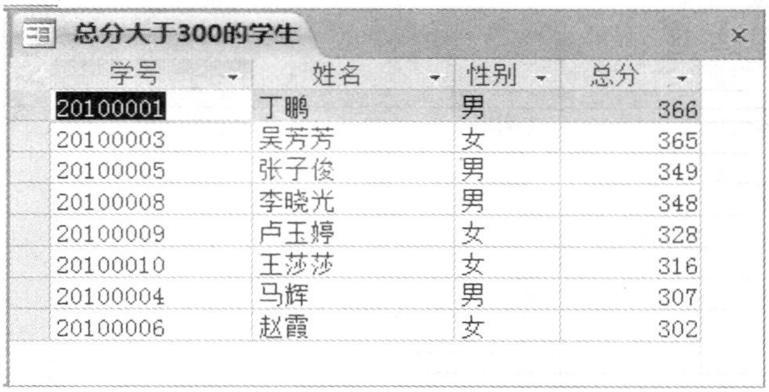

学号	姓名	性别	总分
20100001	丁鹏	男	366
20100003	吴芳芳	女	365
20100005	张子俊	男	349
20100008	李晓光	男	348
20100009	卢玉婷	女	328
20100010	王莎莎	女	316
20100004	马辉	男	307
20100006	赵霞	女	302

图6–17 “总分大于300的学生”窗体数据表视图

（6）在“学生统计”窗体中，单击“学生平均成绩和最高成绩”按钮，打开“学生成绩汇总表查询”，如图6–18所示。

学生统计　学生成绩汇总表查询

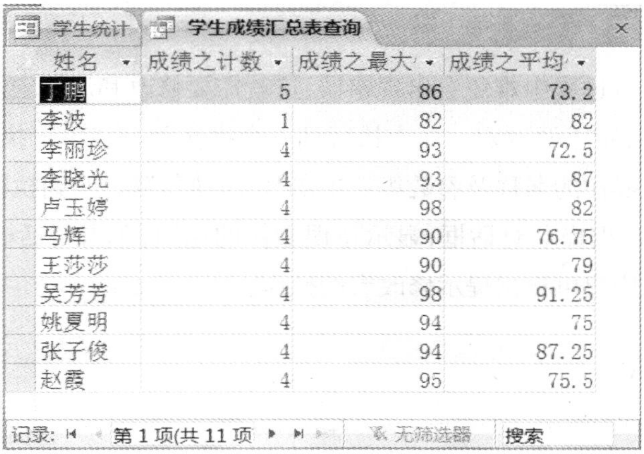

姓名	成绩之计数	成绩之最大	成绩之平均
丁鹏	5	86	73.2
李波	1	82	82
李丽珍	4	93	72.5
李晓光	4	93	87
卢玉婷	4	98	82
马辉	4	90	76.75
王莎莎	4	90	79
吴芳芳	4	98	91.25
姚夏明	4	94	75
张子俊	4	94	87.25
赵霞	4	95	75.5

记录：第1项(共11项　无筛选器　搜索

图6–18 “学生成绩汇总表查询”

Access
数据库
技术及
应 用
情 境
教 程

Access
SHUJUKU
JISHUJI
YINGYONG
QINGJING
JIAOCHENG

228

【实战演练】

1. 创建一个宏。功能为打开"学生表"、"教师表"和"选课表"三个数据库表。

2. 创建学生查询宏组查询学生信息。学生查询宏组数据来源:案例3-6"按学号查询"、案例3-7"按姓氏查询"、案例3-8"按性别和政治面貌查询"。通过图6-19所示窗体中的按钮运行宏组。

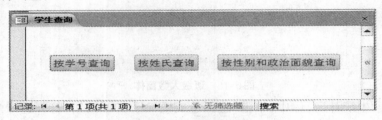

图6-19　学生查询

【任务评价】

任务2　修改与调试宏

【任务引导】

宏在设计和运行过程中难免会出现错误,这就需要修改和调试宏。Access系统具有单步执行宏的功能,用于调试宏。当宏执行到一个操作前,在"单步执行宏"对话框中显示该宏名、条件、宏操作的名称及参数等。单击"单步执行"按钮,则执行该操作。当执行到错误操作时,会弹出提示对话框,显示错误操作的原因,单击对话框中的"确定"按钮后,终止宏的执行,用户可根据提示修改宏的操作。

【知识储备】

知识点
单步执行:执行显示在该对话框中的宏操作。

停止所有宏:终止宏的操作。

继续:关闭当前"单步执行宏"对话框,并继续执行以后的宏操作。

单步执行对话框中的三个按钮,如图6-21所示。

【工作任务】

【案例6-5】本任务是一个有错误操作的宏,对本宏进行调试并修改。

【案例效果】图6-20是一个需要调试的宏。通过本案例可学会使用单步执行功能对
宏进行调试。

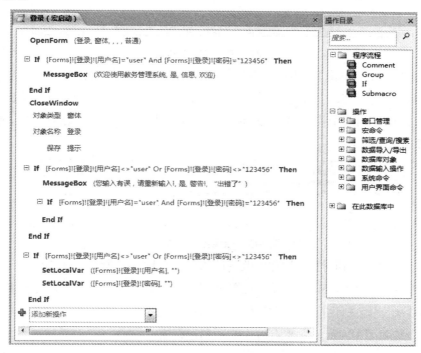

图6-20 登录宏(宏调试)设计器

【设计过程】

(1)创建图6-20所示宏。本案例只是将图6-8中最后一个操作"CloseWindow"提到
前面,改变一下顺序,保存宏。

(2)在"设计"选项卡中单击"工具"组中的"单步"按钮,使"单步"按钮呈按下状态。
然后单击"运行"按钮,弹出"单步执行宏"对话框,如图6-21所示,显示宏组中第一个操
作OpenForm。

Access
数据库
技术及
应 用
情 境
教 程

Access
SHUJUKU
JISHUJI
YINGYONG
QINGJING
JIAOCHENG

230

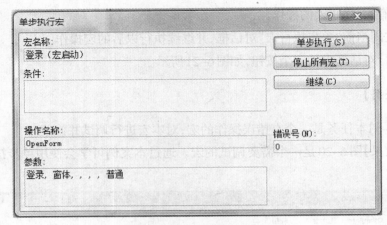

图6-21　单步执行宏对话框

（3）在图6-21中单击"单步执行"按钮，则执行打开"登录"窗体操作，在"登录"窗体中输入"用户名"和"密码"，不论输入的"用户名"和"密码"正确与否，继续单击"单步执行"按钮。在执行到四个操作MessageBox时，出现如图6-22错误信息对话框，显示找不到窗体"登录"。

图6-22　错误信息对话框

（4）单击"确定"按钮，打开"操作失败"对话框，再单击"停止所有宏"按钮，进行运行宏。

由于在执行第四个MessageBox操作时，是有条件的，在条件中涉及窗体"登录"，"CloseWindow"已经关闭了"登录"窗体，Access找不到条件中的元素。为此，需要修改宏中的操作。按照图6-8所示修改宏后才能顺利运行宏。

【实战演练】

1. 制作一个消息框的简单宏

消息:欢迎您的到来!

发嘟嘟声:是

类型:信息

标题:欢迎

2. 使用宏制作一个登录界面。运行宏时，首先出现一个"请输入您的密码"消息框，关闭消息框后，紧接着出现输入密码窗体，当输入密码为"123456"时，显示消息框"密码正确，请继续使用"，同时关闭窗体；当输入的密码不正确时，显示"对不起，密码错误"，

"密码"文本框数据格式为"掩码"方式。

输入密码窗体如图6-23所示:

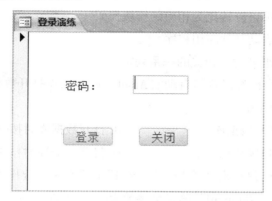

图6-23　登录窗体

【任务评价】

【习题】

一、选择题

1. 能够创建宏的设计器是(　　)。

　　A. 窗体设计器　　　　B. 宏设计器　　　　C. 表设计器　　　　D. 报表设计器

2. 要限制宏命令的操作范围,可以在创建宏时定义(　　)。

　　A. 宏操作对象　　　　　　　　　B. 宏条件表达式

　　C. 窗体或报表控件属性　　　　　D. 宏操作目标

3. 在宏的表达式中要引用报表test上控件txtName的值,可以使用引用式(　　)。

　　A. txtName　　　　　　　　　　B. test! txtName

　　C. Reports!test! txtName　　　　　D. Report! txtName

4. 为窗体或报表上的控件设置属性值的宏命令是(　　)。

　　A. Echo　　　　　B. MsgBox　　　　C. Beep　　　　D. SetValue

Access
数据库
技术及
应 用
情 境
教 程

Access
SHUJUKU
JISHUJI
YINGYONG
QINGJING
JIAOCHENG

232

5. 有关宏操作,以下叙述错误的是( )。

    A. 宏的条件表达式中不能引用窗体或报表的控件值

    B. 所有宏操作都可以转化为相应的模块代码

    C. 使用宏可以启动其他应用程序

    D. 可以利用宏组来管理相关的一系列宏

6. 在一个数据库中已经设置了自动宏 AutoExec,如果在打开数据库的时候不想执行这个自动宏,正确的操作是( )。

    A. 用 Enter 键打开数据库   B. 打开数据库时按住 Alt 键

    C. 打开数据库是按住 Ctrl 键   D. 打开数据库时按住 Shift 键

7. 假设某数据库已建有宏对象"宏 1","宏 1"中只有一个宏操作 SetValue,其中第一个参数项目为"[Label0]. [Caption]",第二个参数表达式为"[Text0]"。窗体"fmTest"中有一个标签 Label0 和一个文本框 Text0,现设置控件 Text0 的"更新后"事件为运行"宏 1",则结果是( )。

    A. 将文本框清空

    B. 将文本框中的内容复制到标签的标题,使二者显示相同内容

    C. 将标签清空

    D. 将标签的标题复制到文本框,使二者显示相同内容

8. 如果不指定对象,Close 基本操作关闭的是( )。

    A. 正在使用的表   B. 当前正在使用的数据库

    C. 当前窗体   D. 当前对象(窗体、查询、宏)

9. 创建宏时至少要定义一个宏操作,并要设置对应的( )。

    A. 条件   B. 命令按钮   C. 宏操作参数   D. 注释信息

10. 有关条件宏的叙述中,错误的是( )。

    A. 条件为真时,执行该行中对应的宏操作

    B. 宏在遇到条件内有省略号时,终止操作

    C. 如果条件为假,将跳过该行中对应的宏操作

    D. 宏的条件内为省略号表示该行的操作条件与其上一行的条件相同

11. 在宏的参数中,要引用窗体 F1 上的 Text1 文本框的值,应该使用的表达式是( )。

    A. [Forms]![F1]![Text1]   B. Text1

    C. [F1]. [Text1]   D. [Forms]_[F1]_[Text1]

12. 在运行宏的过程中,宏不能修改的是( )。

    A. 窗体   B. 宏本身   C. 表   D. 数据库

13. 宏操作 Quit 的功能是(　　　)。

    A. 关闭表　　　　　　B. 退出宏　　　　　　C. 退出查询　　　　　　D. 退出 Access

14. 打开查询的宏操作是(　　　)。

    A. OpenForm　　　　　B. OpenQuery　　　　C. OpenTable　　　　　D. OpenModule

15. 发生在控件接收焦点之前的事件是(　　　)。

    A. Enter　　　　　　　B. Exit　　　　　　　C. Gotfocus　　　　　　D. Lostfocus

二、填空题

1. 宏是一个或多个的_____集合。

2. 每个宏命令由_____和_____组成。

3. OpenForm 基本操作是打开_____。

4. 如果希望按满足指定条件执行宏中的一个或多个操作,这类宏称为_____。

5. 由多个操作构成的宏,执行时是按_____依次执行的。

6. 自启动宏必须命名为_____。

学习情境七

模块与 VBA 编程

情境描述

本情境要求学生了解模块的基本概念和分类;学会创建模块的方法;熟悉VBA的编程环境、VBA程序的基本流程结构;学会定义子过程和函数过程及过程的调用方法。本情境参考学时为8学时。

学习目标

熟悉VBA编程环境。

学会创建标准模块。

学会VBA程序的基本编程方法。

学会定义和调用过程。

工作任务

任务1　创建模块

任务2　VBA编程基础

任务3　VBA流程控制语句

学习情境七　模块与VBA编程

任务1　创建模块

【任务引导】

模块是Access的对象之一,与宏相比模块的功能更加强大。模块是使用VBA(Visual Basic For Applications)编写的代码,模块的本质就是没有界面的VBA程序。VBA是Visual Basic的宏语言版本,作为一种嵌入式语言与Access配套使用。对于数据库应用系统开发人员而言,必须掌握足够的VBA编程知识才能满足复杂应用程序的设计需求。

【知识储备】

知识点1　模块的概述

模块是将Visual Basic的声明和过程作为一个单元进行存储的集合。声明部分主要是用于声明模块中和模块之间使用的变量、常量、自定义数据类型等;过程部分主要包含一个或多个Sub过程或Function函数过程。每个过程完成一个相对独立的功能,不同过

Access
数据库
技术及
应　用
情　境
教　程

Access
SHUJUKU
JISHUJI
YINGYONG
QINGJING
JIAOCHENG

238

程之间可以相互调用。模块的用途主要是弥补宏操作无法完成的任务,例如:自定义函数、显示错误信息、执行复杂的系统操作等。

Access模块对象有两种类型:类模块和标准模块。

1. 类模块

类模块是包含新对象定义的模块。当用户新建一个类的实例的同时也就创建了新的对象,在模块中定义的过程为该对象的属性和方法。类模块可以单独存在,也可以与窗体和报表一起存在。类模块又分为3种:独立类模块、窗体模块和报表模块。

独立类模块不依附于窗体和报表而独立存在,用该类模块能创建自定义对象,可以为这些对象定义属性、方法和事件。

窗体模块和报表模块都是类模块,他们各自与某一特定的窗体或报表相关联。为窗体或报表创建第一个事件过程时,Access将自动创建与之关联的窗体模块或报表模块。窗体模块和报表模块通常都含有事件过程,而过程的运行则用于相应窗体或报表上的事件。可以使用事件过程来控制窗体或报表的行为,以及它们对用户操作的响应,如单击某个命令按钮。

2. 标准模块

标准模块是指存放在整个数据库中可用的函数和过程的模块。标准模块属于数据库对象,用户可以像创建其他数据库对象一样创建包含VBA代码的标准模块。模块内包含了Sub过程和Function函数过程。

标准模块包含了与任何其他对象都无关的常规过程,以及可以从数据库任何位置运行的经常使用的过程。标准模块和与某个特定对象无关的模块的主要区别在于其范围和生命周期。在没有相关对象的类模块中,声明或存在的任何变量或常量的值都仅在该代码运行时、仅在该对象中是可用的。

知识点2　模块的创建与运行

由于多数类模块是在创建窗体对象或报表对象时由Access自动创建的,下面仅以标准模块为例介绍其创建过程。

创建标准模块的一般过程如下:

(1)新建模块对象;

(2)插入过程;

(3)编写VBA代码;

(4)调试运行;

(5)保存过程。

【工作任务】

【案例7-1】创建一个名为Welcome的模块,其功能是用来显示欢迎信息框。

【案例效果】图7-1是创建一个名为Welcome的模块,用来显示欢迎信息框。通过本案例的学习,可以学会创建VBA模块的基本方法。

图7-1　案例7-1运行效果

【设计过程】

(1)在Access窗口中,单击"创建"选项卡,然后再单击"宏与代码"组中的"模块"按钮,打开VBA模块编辑界面,如图7-2所示。

图7-2　VBA模块编辑界面

(2)执行"插入"|"过程"菜单命令,在弹出的"添加过程"对话框中填写过程名称"Welcome",如图7-3所示。单击"确定"按钮,在模块中编写代码如图7-4所示。

Access
数据库
技术及
应　用
情　境
教　程

Access
SHUJUKU
JISHUJI
YINGYONG
QINGJING
JIAOCHENG

240

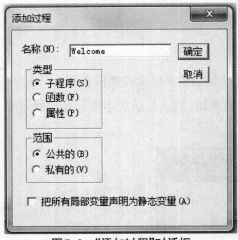

图7-3　"添加过程"对话框

图7-4　Welcome过程代码

(3)编写过程代码,如图7-4所示。

(4)单击工具栏上的"运行子过程/用户窗体"按钮,运行效果如图7-1所示。

(5)以"Welcome"为名保存该模块。

【提示】模块是Access2010关系型数据库和其他面向过程以及面向对象程序设计语言不同的表现方式,但其功能是完全相同的。

任务2　VBA编程基础

【任务引导】

VBA是Microsoft公司Office系列软件中内置的用来开发应用系统的编程语言,包括VB主要的语法结构、函数和命令等,但是二者又有本质区别。Visual Basic是微软公司推出的可视化BASIC语言,是一种编程简单、功能强大的面向对象的开发工具,可以像编写VB程序那样来编写VBA程序。

【知识储备】

知识点1　VBA概述

VBA功能强大且编程简单易学,继承了大部分VB的语法和面向对象的程序设计方法。用VBA语言编写的代码将保存在Access中的一个模块里。并通过类似在窗体中激发操作来启动这个模块,从而实现相应的功能。

由于VBA执行命令、流程控制以及错误处理机制灵活,因此VBA具有以下几个方面的特点：

（1）使数据库易于维护。宏是独立于窗体和报表的对象。当数据库的运行趋于复杂时，过多的宏则会使数据库难以维护。VBA事件过程代码是内置在窗体和报表的定义之中的，这样避免了宏对象过多而造成混乱。

（2）可创建用户自定义函数。虽然Access内置了非常丰富的函数，然而通过VBA，用户可以根据数据库应用系统的需求来创建自定义函数，完成要执行的运算与操作任务。

（3）可创建或处理对象。在大部分情况下，通过设计视图就能以直观、简易的方式创建或处理对象。而在某些特殊情况下，只能使用代码来定义对象或修改对象的属性等。使用VBA可以处理数据库中的所有对象，包括数据库本身。

（4）可修改参数。使用VBA则可以在程序运行过程中修改操作参数值。

（5）可执行系统操作。虽然宏操作RunApp可以运行一个基于Microsoft Windows或Microsoft MS-DOS的应用程序，但具有鲜明的局限性。使用VBA则可以利用动态数据交换技术与另一个应用程序进行通信，还可以调用Windows动态链接库中的函数。

知识点2　VBA编程环境

Access所提供的VBA开发环境又称为VBE（Visual Basic Editor），在VBE中可以编写VBA函数、过程和VBA模块。

VBE编辑器主要由代码窗口、立即窗口、监视窗口、本地窗口、属性窗口、对象浏览器以及工程资源管理器等窗口组成。

Visual Basic编辑器由菜单栏、工具栏和多个窗口组成。若打开的Visual Basic编辑器窗口缺少部分窗口，可以在"视图"菜单下单击相应选项打开需要的窗口，如图7-2所示。

工具栏

Visual Basic编辑器中有多种工具栏，包括"标准"工具栏、"编辑"工具栏、"调试"工具栏和"用户窗体"工具栏。执行"视图"|"工具栏"菜单命令，可以根据需要打开和关闭各种工具栏。

"标准"工具栏中包含了最为常用的菜单项快捷方式的按钮。"标准"工具栏是Visual Basic编辑器默认显示的工具栏，如图7-5所示。

图7-5　"标准"工具栏

2. 工程资源管理器窗口

工程资源管理器显示工程层次结构的列表，以及每个工程所包含与引用的项目成

Access
数据库
技术及
应 用
情 境
教 程

Access
SHUJUKU
JISHUJI
YINGYONG
QINGJING
JIAOCHENG

242

员。VBA项目成员包括Office 2010对象、模块、用户自定义窗体等,如图7-6所示。

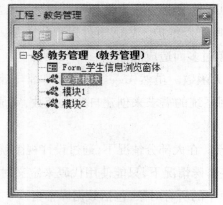

图7-6　工程资源管理器

3. 属性窗口

属性窗口用来查看和设置对象的属性,如图7-7所示。

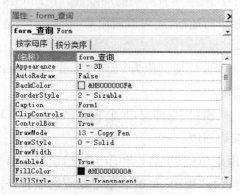

图7-7　属性窗口

4. 代码窗口

代码窗口用来显示和编辑不同窗体或模块中的VBA代码,如图7-8所示。

图7-8　代码窗口

5. 对象浏览器

对象浏览器窗口用来显示对象库以及过程的可用类、属性、方法、事件、常量和变量。可以用它来搜索已有对象,或源于其他应用程序的对象,如图7-9所示。

图7-9　对象浏览器

6. 立即窗口

用户可以在立即窗口中输入或粘贴一行代码,然后按Enter键执行该代码,如图7-10所示。

图7-10　立即窗口

7. 监视窗口

监视窗口用于显示当前工程定义的监视表达式的值,如图7-11所示。

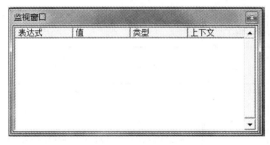

图7-11　监视窗口

Access
数据库
技术及
应 用
情 境
教 程

Access
SHUJUKU
JISHUJI
YINGYONG
QINGJING
JIAOCHENG

244

8. 本地窗口

本地窗口内部自动显示所有当前过程中的变量声明及变量值,从中可以观察到数据信息,如图7-12所示

7-12　本地窗口

知识点3　VBA程序设计语法基础

1. VBA基本数据类型

VBA提供了较为完备的数据类型,除了基本数据类型外,VBA还支持用户自定义类型。不同的数据类型有不同的内存空间,也有不同的运算方式。表7.1所示为11种基本数据类型的关键字、存储空间和取值范围。

其中,字符串类型又分为变长字符串(String)类型和定长字符串(String*Length)类型,变长字符串类型的存储空间和取值范围依据字符串的长度而定。变体类型(Variant)也是一种特殊的数据类型,既可以用来处理数值数据又可以处理字符串数据,处理数值时最大可以为双精度类型(Double)的取值范围,处理字符串时具有与变长字符串类型(String)相同的取值范围。

表7.1　VBA基本数据类型

数据类型	关键字	存储空间	取值范围
逻辑型	Boolean	2	True 和 False
字节型	Byte	1	0~255
货币型	Currency	8	—922337203685477.5808~922337203685477.5807

数据类型	关键字	存储空间	取值范围
日期型	Date	8	100年1月1日~9999年12月31日
双精度型	Double	8	负数：—1.79769313486231E308~—4.94065645841247E—324 正数：4.94065645841247E-324~1.79769313486231E308
整型	Integer	2	—32768~32768
长整型	Long	4	—2147483648~2147483647
对象型	Object	4	任何对象的引用地址
单精度型	Single	4	负数：—3.402823E38~—1.401298E—45 正数：1.401298E—45~3.402823E38
字符串型	String	不定	不固定
变体型	Variant	不定	不固定

2. 常量

常量是指在程序运行过程中值不变的量。常量的使用能够增加代码的可读性，并且使代码易于维护。VBA中的常量可分为4种：直接常量、符号常量、固有常量和系统常量。

（1）直接常量。直接常量也称为字面常量，根据字面值即可判断。如123、—5.0、China、"Visual Basic 6.0中文企业版"等。

（2）符号常量。符号常量是由用户定义的常量，常量将程序代码中频繁使用的某些特定值定义为符号常量。VBA中使用Const关键字来声明符号常量，一般格式如下：

Const 常量名[As 数据类型]=常量表达式

例如：

Const PI As Double=3. 1415926

Const Price=200

Const addr As string="China"

【提示】本书的全部格式说明中，统一使用中括号（[ ]）代表可选输入内容，尖括号（< >）代表必须输入内容。

（3）固有常量。固有常量可在程序设计过程中代替实际值，使代码编写更为简单。固有常量使用两个字母的前缀，表示该常量所在的对象库。Access库的常量以ac为前缀，ADO库的常量以ad为前缀，Visual Basic库的常量以vb为前缀。

Access
数据库
技术及
应用
情境
教程

Access
SHUJUKU
JISHUJI
YINGYONG
QINGJING
JIAOCHENG

246

固有常量有常量和数值两种表示方法,两者是等价的。例如,"红色"的"固有常量"是 vbRed,对应的数值是 0xFF。以 0x 开头的数是十六进制数,0xFF 即十六进制数 FF,转换成十进制数为 255。固有常量可以在对象浏览器中查看。

(4)系统常量。VBA 中有 4 个系统常量:True 和 False 表示逻辑值的"真"和"假",Empty 表示变体类型变量尚未指定初始值,Null 表示一个无效数据。

3. 变量

变量是在程序运行过程中值可以改变的量,每个变量有名字和相应的数据类型,数据类型决定了该变量的存储方式和运算规则。此外,变量必须先定义后使用。

(1)变量的命名规则

变量名只能由字母、数字、下划线组成且必须以字母开头,长度不得超过255个字符。不能在变量名中使用空格、标点符号等其他特殊字符,不能使用 Access 和 VBA 中所使用的关键字,如 Const、Between、And、Like 等。变量名不区分大小写。

(2)变量名的声明。格式如下:

Dim 变量名 [As 数据类型]

例如:

Dim a As Integer

Dim No As String*10

Dim Name As String

Dim x as Single ,y As Double

Dim m,n

【提示】若声明变量时未指定数据类型,则系统默认为变体类型(Variant)。

4. 运算符与表达式

在 VBA 编程语言中,提供了许多运算符来完成各种形式的运算和处理。根据运算不同,可以分成 4 种类型的运算符:算术运算符、关系运算符、逻辑运算符、字符串连接运算符。将常量、变量等用上述运算符连接在一起构成的式子就是表达式。

(1)算术运算符与表达式。表 7.2 列举了 VBA 中的算术运算符。

表 7.2 算术运算符

运算	运算符	示例	运算	运算符	示例
指数运算	∧	A∧B	整除运算	\	A\B
取负运算	−	−A	取模运算	MOD	A MOD B
乘法运算	*	A*B	加法运算	+	A+B
浮点除发运算	/	A/B	减法运算	−	A−B

运算符的优先级顺序由高到低为:取负——指数——乘、除——整除——取模——加、减。

（2）关系运算符与表达式。表7.3列举了VBA中的关系运算符。

表7.3　关系运算符

运算	运算符	示例	运算	运算符	示例
大于	>	A>B	小于等于	<=	A<=B
大于等于	>=	A>=B	等于	=	A=B
小于	<	A<B	不等于	< >	A<>B

关系运算符也称比较运算符。由关系运算符连接起来的表达式成为关系表达式。关系表达式的结果是一个逻辑值,即"真（True）"或"假（False）"。

">"、">="、"<"、"<="4种运算符的优先级相同,"="、"< >"运算符的优先级相同,且前4种运算符的优先级高于后2种运算符。

（3）逻辑运算符与表达式。表7.4列举了VBA中的常见逻辑运算符。

表7.4　逻辑运算符

运算	运算符	示例	运算	运算符	示例
逻辑非	Not	Not A	逻辑或	Or	A Or B
逻辑与	And	A And B			

逻辑运算也称布尔运算,常见的逻辑运算符有3种:逻辑非、逻辑与、逻辑或。运算符的优先级顺序由高到低为:逻辑非——逻辑与——逻辑或。

由逻辑运算符连接起来的表达式成为逻辑表达式。逻辑表达式的结果是"真（True）"或"假（False）"。

（4）字符串连接运算符与表达式

字符串连接运算符具有连接字符串的功能,有"&"和"+"两个运算符。"&"用来强制连接两个表达式作字符串连接。例如连接式:"4+6"&"="&(4+6)的运算结果为"4+6=10"。"+"运算符是当两个表达式均为字符串数据时,才能将两个字符串连接成一个新的字符串。否则会产生类型不匹配错误。

5. 常用标准函数

在VBA中除在模块创建时可以定义子过程和函数过程完成特定功能外,又提供了近百个内置标准函数,可以方便完成许多操作。

标准函数一般用于表达式中,其形式如下:

函数名(<参数1><,参数2>[,参数3][,参数4]…)

其中,函数名必不可少,函数的参数放在函数名后的圆括号内,参数可以是常量、变

Access
数据库
技术及
应 用
情 境
教 程

Access
SHUJUKU
JISHUJI
YINGYONG
QINGJING
JIAOCHENG

248

量或表达式,也可以是一个或多个,少数函数为无参函数。每个函数被调用时,都会有一个返回值。下面按分类介绍一些常用标准函数的使用。

（一）数学函数

（1）绝对值函数:Abs(<表达式>)

返回数值表达式的绝对值。如 Abs(-100)=100

（2）向下取整函数:Int(<数值表达式>)

返回数值表达式的向下取整数的结果,参数为负值时返回小于等于参数值的第一负数。

（3）取整函数:Fix(<数值表达式>)

返回数位表达式的整数部分,参数为负值时返回大于等于参数值的第一负数。

例如:Int(18.25)=3,Fix(18.25)=18 Int(-18.25)=-19,Fix(-18.25)=-18

（4）四舍五入函数:Round(<数值表达式>[,<表达式>])

按照指定的小数位数进入四舍五入运算的结果。[<表达式>]是进入四舍五入运算小数点右边应保留的位数。

例如:Round(7.255,1)=7.3;Round(7.754,2)=7.75;Round(7.754,0)=8

（5）开平方函数:Sqr(<数值表达式>)

计算数值表达式的平方根。例如:Sqr(100)=10

（6）产生随机数函数:Rnd(<数值表达式>)

产生一个[0,1]之间的随机数,为单精度类型。

例如:Int(100 * Rnd)   '产生[0,99]的随机整数

Int(101 * Rnd)   '产生[0,100]的随机整数

（二）字符串函数

（1）字符串检索函数:InStr([Start,] <Strl>,<Str2> [,Compare])

检索子字符串 Str2 在字符串 Strl 中最早出现的位置,返回一整型数。Start 为可选参数,为数值式,设置检索的起始位置。如省略,从第一个字符开始检索;注意,如果 Strl 的串长度为零,或 Str2 表示的串检索不到,则 InStr 返回 0;如果 Str2 的串长度为零,InStr 返回 Start 的值。

例如:strl ="abcdef"   str2 ="bc"   s = InStr(strl ,str2)   '返回2

s = InStr(3,"aSsiAB","A",1) '返回5。从字符 s 开始,检索出字符 A

（2）字符串长度检测函数:Len(<字符申表达式>或<变量名>)

返回字符串所含字符数。注意,定长字符,其长度是定义时的长度,和字符串实际值无关。

例如:lenl = Len("12345")   '返回5

len4 = Len("Access 数据库程序设计")   '返回13

（3）字符串截取函数

Left（<字符串表达式>,<N>）：字符串左边起截取 N 个字符。

Right（<字符串表达式>,<N>）：字符串右边起截取 N 个字符。

Mid（<字符串表达式>,<N1>,[N2]）：从字符串左边第 N1 个字符起截取 N2 个字符。

例如：strl ="opqrst"

str2 ="计算机等级考试"

str = Left(strl,3)　　'返回"opq"

str = Left(str2,4)　　'返回"计算机等"

str = Right(strl,2)　　'返回"st"

str = Right(str2,2)　　'返回"考试"

str = Mid(strl,4,2)'返回"rs"

str = Mid(str2,1,3　'返回"计算机"

str = Mid(str2, 4,)　'返回"等级考试"

（4）生成空格字符函数：Space(<数值表达式>)

返回数值表达式的值时指定的空格字符数。

例如：strl = Space(2)　　　　　'返回2个空格字符

（5）大小写转换函数

Ucase(<字符串表达式>)：将字符串中小写字母转换成大写字母。

Lcase(<字符串表达式>)：将字符串中大写字母转换成小写字母。

例如：strl = Ucase("StuDENT")　　　'返回"STUDNT"

str2 = Lcase("StuDENT")　　'返回"student"

（6）删除空格函数

Ltrim(<字符串表达式>)：删除字符串的开始空格。

Rtrim(<字符串表达式>)：删除字符串的尾部空格。

Trim(<字符串表达式>)：删除字符串的开始和尾部空格。

例如：A =" 中国"　　str1 = Ltrim(A)　　　'返回"中国"

　　B ="高等教育 "　　str2=Rtrim(B)　　　'返回"高等教育"

　　C =" 出版社 "　　str3=Trim(C)　　　'返回"出版社"

（三）日期/时间函数

日期/时间函数的功能是处理日期和时间。主要包括以下函数：

（1）获取系统日期和时间函数

Date()：返回当前系统日期。

Time()：返回当前系统时间。

Access
数据库
技术及
应 用
情 境
教 程

Access
SHUJUKU
JISHUJI
YINGYONG
QINGJING
JIAOCHENG

250

Now():返回当前系统日期和时间。

例如:D = Date( )　　　'返回系统日期,如2013–10–31

　　　T = Time( )　　　'返回系统时间,如19:55:50

　　　DT = Now( )　　　'返回系统日期和时间,如2013–10–31 19:55:50

(2)截取日期分量函数

Year(<表达式>):返回日期表达式年份的整数。

Month(<表达式>):返回日期表达式月份的整数。

Day(<表达式>):返回日期表达式日期的整数。

Weekday (<表达式>[. W]):返回1—7的整数,表示星期几。

Weekday 函数中,返回的星期值为星期日为1,星期一为2,以此类推。

(3)截取时间分量函数

Hour(<表达式>):返回时间表达式的小时数(0—23)。

Minute(<表达式>):返回时间表达式的分钟数(0—59)

Second(<表达式>):返回时间表达式的秒数(0—59)。

例如:T = #19:55:50#

HH = Hours(T)　　　　'返回19

MM = Minute(T)　　　　'返回55

SS = Second(T)　　　　'返回50

(4)返回日期函数 DateSerial(year, month, day)

D=dateserial(2008,2,29)　　　'返回#2008–2–29#

D=dateserial(2008–1,8–2,0)　　'返回#2007–5–31#

Dateserial(year(date( )),5,1)　　'返回当前年的5月1日

Dateserial(year(date( ))–1,5,1)'返回前一年的5月1日

Dateserial(year(date( ))+1,5,1)'返回后一年的5月1日

(5)按指定形式返回日期format( )

Format(#2010–1–1#,yyyy) 返回2010

(四)类型转换函数

(1)字符串转换字符代码函数:Asc(<字符串表达式>)

返回字符串首字符的ASCII值。例如:s = Asc("abcd"),返回97

(2)字符代码转换字符函数:Chr(<字符代码>)

返回与字符代码相关的字符。例如:s = Chr(66),返回B;s = Chr(13),返回回车符

(3)数字转换成字符串函数:Str(<数值表达式>)

将数值表达式值转换成字符串。注意,当一数字转成字符串时,总会在前头保留一

空格来表示正负。

表达式值为正,返回的字符串包含一前导空格表示有一正号。

例如:s = Str(88)　　　　　'返回" 88",有一前导空格

　　　s = Str(-6)　　　　'返回"-6"

(4)字符串转换成数字函数:Val(<字符串表达式>)

将数字字符串转换成数值型数字。注意,数字串转换时可自动将字符串中的空格、制表符和换行符去掉,当遇到它不能识别为数字的第一个字符时,停止读入字符串。

例如:s = Val("16")　　　　　'返回16

　　　s = Val("34　5")　　　'返回345

　　　s = Val("76ABCD")　　　'返回76

任务3　VBA流程控制语句

VBA程序设计有三种基本控制结构:顺序结构、选择结构、循环结构。所有程序都由这三种基本控制结构组成。顺序结构是程序流程中最简单的控制结构,如果编写较为复杂的程序需要使用选择结构和循环结构语句来对程序进行流程控制。

知识点1　赋值语句

赋值语句可以将常量或常量表达式的值赋给变量或对象的属性,其一般格式为:

<变量名>=<表达式>或[<对象名. >]<属性名>=<表达式>

其中,<变量名>应符合变量的命名规则,<对象名>缺省时为当前窗体或报表。

首先计算"="(赋值运算符)右边表达式的值,将此值赋给"="左边的变量或对象属性。

1. Print方法

在VBA中可以使用Print方法在窗体及打印机上输出文本数据或表达式的值。一般格式为:

[对象名]. print表达式

如果省略对象名,则在当前窗体上输出;如果在立即窗口中输出,对象名应为"Debug"。

图7-13中的PrintStar过程运行后,在立即窗体中的显示效果如图7-14所示。

Access
数据库
技术及
应 用
情 境
教 程

Access
SHUJUKU
JISHUJI
YINGYONG
QINGJING
JIAOCHENG

252

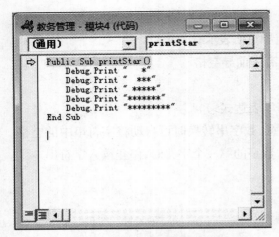

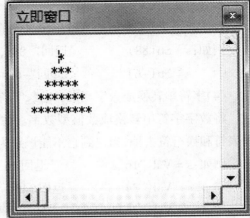

图7-13　Print过程代码窗口　　　　图7-14　立即窗口运行效果

2. InputBox 函数

InputBox 函数可以产生一个输入对话框,等待用户输入数据并返回所输入的内容。一般格式为:

Inputbox(提示字符串[,对话框标题字符串][,默认输入数据])

在默认情况下,InputBox 函数的返回值是一个字符串。因此,当需要用InputBox 函数输入数值时,必须在进行计算前用Val 函数转换为数值类型数据,否则可能会得到不正确的结果。

3. MsgBox 函数和 MsgBox 语句

MsgBox 函数或语句可以产生一个消息框,消息框中给出提示信息,用户可以根据提示信息选择后面的操作。

函数格式为:

Msgbox(消息字符[,按钮与图标样式][,对话框标题字符串])

语句格式为:

Msgbox 消息字符[,按钮与图标样式][,对话框标题字符串]

两种格式的区别是,MsgBox 函数会产生一个返回值,用户需要将返回值赋给一个变量。MsgBox语句无返回值,仅是单纯的信息显示。

知识点2　顺序结构

顺序结构就是按照程序代码编写的顺序依次执行。顺序结构主要介绍赋值语句和输入输出语句。在VBA中常使用InputBox 函数和MsgBox 函数进行数据的输入和输出。

知识点3　选择结构

选择结构又称分支结构,根据条件表达式的值执行相应的操作。选择结构可分为单分支选择结构、双分支选择结构和多分支选择结构。

1. 单分支 If 语句

格式1：

If<条件表达式>Then

<语句>

End If

格式2：

If<条件表达式>Then<语句>

计算条件表达式的值，若值为"真"（True）则执行 Then 后面的语句，若值为"假"（False）则退出 If 语句继续执行下面的程序。

2. 双分支 If 语句

格式1：

If<条件表达式>Then

<语句1>

Else

<语句2>

End If

格式2：

If<条件表达式>Then<语句1>Else<语句2>

计算条件表达式的值，若值为"真"（True）则执行语句1，否则执行语句2。

3. 多分支 if 语句

格式：

If<条件表达式1>Then

<语句1>

ElseIf<条件表达式2>Then

<语句2>

…

ElseIf<条件表达式n>Then

<语句n>

Else

<语句n+1>

End If

Access
数据库
技术及
应用
情境
教程

Access
SHUJUKU
JISHUJI
YINGYONG
QINGJING
JIAOCHENG

254

计算条件表达式 1 的值,若值为"真"(True)则执行语句 1,否则计算条件表达式 2 的值,若值为"真"(True)则执行语句 2,重复上述操作。当全部条件表达式的值都不为"真"(True)时,执行语句 n+1。

4. 多分支 Select Case 控制语句

格式:

Select Case<测试变量或表达式>

Case<表达式 1>

<语句 1>

Case<表达式 2>

<语句 2>

…

Case<表达式 n>

<语句 n>

[Case Else

语句 n+1]

End Select

Select Case 语句在执行时,先计算测试变量或表达式的值,然后寻找该值与哪一个 Case 子句的表达式值匹配,找到后则执行该 Case 语句,之后退出 Select 结构;如果测试变量或表达式的值与全部 Case 子句的表达式值都不匹配,则执行 Case Else 语句,之后退出 Select 结构。

知识点 4　循环结构

在实际使用中,有些循环的次数可以事先确定,而有些循环不能确定。VBA 中有 3 种形式的循环语句:For 循环、While 循环和 Do 循环。其中,For 循环用于已知循环次数的情况下,While 循环和 Do 循环用于不确定循环次数的情况下。下面重点介绍 For 循环语句和 Do 循环语句。

1. For 循环语句

格式:

For<循环变量=初值>To<终值>[Step 步长]

<循环体>

Next[循环变量]

For 循环的执行过程:首先把初值赋给循环变量,接着判断循环变量的值是否超过终值,如果超过就不执行循环体,直接跳出 For 循环,执行 Next 后面的语句;否则执行循环体,之后将循环变量增加步长值后再赋给循环变量,继续判断循环变量的值是否超过终值,重复上述步骤直到 For 循环正常结束。

【说明】

循环变量必须为数值型。

循环的初值、终值和步长都是数值表达式。其中,增量参数可正可负。如果没有设置 step,则增量默认为 1。

Next 是循环终端语句,在 Next 后面的循环变量与 For 中的循环变量必须相同。当只有单层循环时,Next 后面的循环变量可以不写。

当初值等于终值时,不管步长是正数还是负数,都执行一次循环体。

循环次数由初值、终值和步长决定,计算公式为:

循环次数=Int((终值−初值)/步长+1)

除了 For 语句以计算值来判断循环是否结束之外,还可以用 Exit For 语句强制结束循环。通常 Exit For 语句和 If 语句配合使用,代表在某种特定情况下,循环中的程序不再继续进行。

2. Do 循环语句

Do…Loop 循环用于事先不知道循环次数的循环结构。此语句共有 4 种语法格式:Do While…Loop 语句、Do…Loop While 语句、Do Until…Loop 语句和 Do…Loop Until 语句。前两种格式当循环条件为真时执行循环体语句,后两种当循环条件为假时执行循环体语句。

①Do While | Until…Loop 语句

格式:

Do While | Until<条件表达式>

<循环体>

[Exit Do]

<循环体>

Loop

【说明】

●条件表达式的值应是逻辑型。

●Do While 和 Loop 应成对出现。

●循环体中要有控制循环次数的语句,以避免出现死循环。

Access
数据库
技术及
应　用
情　境
教　程

Access
SHUJUKU
JISHUJI
YINGYONG
QINGJING
JIAOCHENG

256

●由于该循环的特点是先判断条件,然后再决定是否要执行循环体语句中的语句。所以,这种循环可以一次也不执行循环体。

●Exit Do 表示当遇到该语句时,强制退出循环,执行 Loop 后的下一条语句。

②Do···. While|Until Loop 语句

格式:

Do

<循环体>

[Exit Do]

<循环体>

Loop···While|Until <条件表达式>

【说明】

●至少要执行循环体一次。

●与 Do While 循环的区别:Do While 循环先测试条件是否成立,只有成立才执行循环;而该循环先执行循环体,后测试条件是否成立。

知识点5　数组

数组是包含相同数据类型的一组变量的集合。数组可以是一维的、二维的或多维的。数组元素由数组名和下标来区分。

1. 一维数组的声明

方法1:Dim 数组名(小标上界)As 数据类型

例如:

Dim a(5)As Integer

数组 a 中包含6个整形元素,分别为 a(0)、a(1)、a(2)、a(3)、a(4)、a(5)。

【说明】数组元素下标从0开始。

方法2:Dim 数组名(下标下界 To 下标上界)As 数据类型

例如:

Dim a(−2 To 2)As Integer

数组 a 中包含5个整形元素,分别为 a(−2)、a(−1)、a(0)、a(1)、a(2)。

2. 多维数组的声明

方法1:Dim 数组名(第1维下标上界,第2维 xiabiaxiabiao 下标上界,····.)As 数据类型

例如:

Dim a(2 ,3)As Integer 声明了一个二维数组,数据包含12个元素,分别为 a(0,0)、a

$(0,1)$、$a(0,2)$、$a(0,3)$、$a(1,0)$、$a(1,1)$、$a(1,2)$、$a(1,3)$、$a(2,0)$、$a(2,1)$、$a(2,2)$、$a(2,3)$。

方法2:Dim 数组名(第1维下标下界 To 上界,第2维下标下界 To 上界,……)As 数据类型

例如:

Dim a(1 To 2,-1 To 1)As Integer

(3)数组元素的引用。格式如下:

数组名(第1维下标,[第2维下标],……)

知识点6 过程

VBA 过程可分为 Sub 子过程和 Function 函数过程两种。Sub 子过程无返回值,Function 函数过程有参数和返回值。

1. Sub 子过程

格式:

[public|private] [static]sub 过程名([参数 As 数据类型])

过程语句

[Exit Sub]

过程语句

End Sub

使用 Public 关键字可以使该过程适用于所有模块中的其他过程;使用 Private 关键字则使该过程只适用于同一模块中的其他过程。

子过程调用的形式:Call 过程名([实参])或者过程名[实参]

2. Function 函数过程

格式:

[public|private] [static] Function 函数名([参数 As 数据类型])

函数过程语句

函数名=表达式

[Exit Function]

函数过程语句

函数名=表达式

End Function

函数过程调用的形式:函数过程名([实参])

Access
数据库
技术及
应用
情境
教程

Access
SHUJUKU
JISHUJI
YINGYONG
QINGJING
JIAOCHENG

258

【工作任务】

【案例7-2】创建 Area 过程，其功能是计算圆的面积，半径值从键盘随机输入。

【案例效果】图7-15是创建好一个计算从键盘上随机输入一个圆的半径，然后通过消息框显示运行后的结果如图7-16所示。通过本案例的学习，可以学会VBA顺序结构程序设计的基本方法。

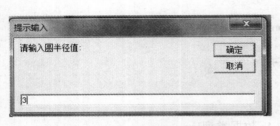 

图7-15　InputBox输入对话框效果　　　　　图7-16　案例7-2运行效果

【设计过程】

Area过程代码如下：

```
Public Sub Area( )
Dim r As Integer
Dim s As Single
r=Val(InputBox("请输入圆半径值:","提示输入"))
s=3. 14*r*r
MsgBox"圆面积:"& s,vbOKOnly+vbInformation,"计算结果"
End Sub
```

过程运行后弹出输入对话框（见图7-15），输入任意半径值后，单击"确定"按钮，弹出消息框显示面积值，如图7-16所示。

【案例7-3】创建 Grade 过程，其功能是：判断分数等级（优秀、良好、中等、及格、不及格共5个等级），分数值从键盘随机输入。

【案例效果】图7-17是判断分数等级（优秀、良好、中等、及格、不及格共5个等级），分数值从键盘随机输入。然后通过消息框显示运行后的结果如图7-18所示。通过本案例的学习，可以学会VBA分支结构程序设计的基本方法。

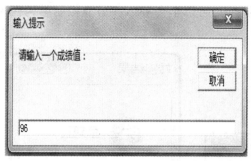

图7-17 InputBox输入对话框效果　　　　图7-18 案例7-3运行效果

【设计过程】

过程代码如下：

```
Public Sub Grade( )
Dim mark As Single
Mark=Val(InputBox("请输入一个成绩值："、"输入提示"))
If mark<0 Then
Msgbox"成绩值不能为负数,请重新输入！"、vbOKOnly+vbExclamation,"错误信息"
ElseIf mark<60 Then
MsgBox"不及格"、vbOKOnly+vbInformation、"判断结果"
ElseIf mark<70 Then
MsgBox"及格"、vbOKOnly+vbInformation、"判断结果"
ElseIf mark<80 Then
MsgBox"中等"、vbOKOnly+vbInformation、"判断结果"
ElseIf mark<90 Then
MsgBox"良好"、vbOKOnly+vbInformation、"判断结果"
ElseIf mark=100 Then
MsgBox"优秀"、vbOKOnly+vbInformation、"判断结果"
Else
Msgbox"成绩值不能大于100,请重新输入！"、vbOKOnly+vbExclamation,"错误信息"
End If
End Sub
```

【案例7-4】创建Change过程,其功能是,将输入的英文星期转换成中文星期。

【案例效果】图7-19是根据输入的英文星期转换为中文星期,然后通过消息框显示

Access
数据库
技术及
应　用
情　境
教　程

Access
SHUJUKU
JISHUJI
YINGYONG
QINGJING
JIAOCHENG

260

运行后的结果如图7-20所示。通过本案例的学习,可以学会VBA多分支控制结构程序设计的基本方法。

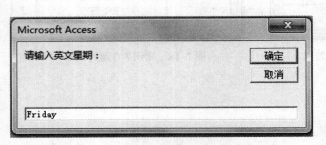

图7-19　InputBox输入对话框效果　　　　图7-20　案例7-4运行效果

【设计过程】

过程代码如下:

```
Public Sub Change( )
Dim exq As string
Dim cxq As string
exq=InputBox("请输入英文星期:")
Select Case exq
Case"Monday"
Cxq="星期一"
Case"Tuesday"
Cxq="星期二"
Case"Wendesday"
Cxq="星期三"
Case"Thursday"
Cxq="星期四"
Case"Friday"
Cxq="星期五"
Case"Saturday"
Cxq="星期六"
```

Case"Sunday"

Cxq="星期日"

Case Else

Cxq="输入无效"

End Select

MsgBox cxq，vbOKOnly+vbInformation、"转换结果"

End Sub

【案例7-5】创建Sum过程，其功能是：计算前100个自然数中奇数的和。

【案例效果】图7-21是计算前100个奇数的累加和消息框显示结果。通过本案例的学习，可以学会VBA中FOR循环结构程序设计的基本方法。

图7-21 案例7-5运行效果

【设计过程】

过程代码如下：

```
Public Sub Sum()
Dim i As Integer
Dim s As Integer
s=0
For i=1 To 100 Step 2
s=s+i
Next i
MsgBox"前100个自然数中奇数的和是："& s
End Sub
```

【案例7-6】创建Shuixianhua过程，其功能是：统计水仙花数的个数。（水仙花数是

Access
数据库
技术及
应 用
情 境
教 程

Access
SHUJUKU
JISHUJI
YINGYONG
QINGJING
JIAOCHENG

262

三位数,且各位数字的立方和等于这个数本身。)

【案例效果】图7–22是统计水仙花数的个数消息框显示结果。通过本案例的学习,可以学会VBA中FOR嵌套循环结构程序设计的基本方法。

图7–22　案例7–6运行效果

【设计过程】

过程代码如下:

```
Public Sub Shuixianhua( )
Dim i as Integer
Dim j as Integer
Dim k as Integer
Dim m as Intege
Dim num as Integer
num=0
For i=1 To 9
For j=0 To 9
For k=0 To 9
m=i*100+j*10+k
If m=i*i*i+j*j*j+k*k*k Then
Num=num+1
End If
Next k
Next j
Next i
MsgBox"水仙花数共有"& num &"个"
End Sub
```

【案例7-7】创建 Sum 过程,其功能是:计算前100个自然数中偶数的和。

【案例效果】图7-23是计算前100个偶数的累加和消息框显示结果。通过本案例的学习,可以学会 VBA 中 Do while 和 Do until 循环结构程序设计的基本方法。

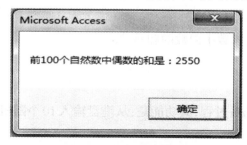

图7-23　案例7-7运行效果

方法1:Do while 结构

【设计过程】

过程代码如下:

```
Public sub sum( )
Dim s As Integer, i As Integer
s= 0
i= 0
Do While  i <= 100
s = s + i
i =i+ 2
Loop
MsgBox"前100个自然数中偶数的和是:"& s
End Sub
```

方法2:Do until 结构

【设计过程】

过程代码如下:

```
Public sub sum( )
Dim s As Integer, i As Integer
s= 0
i= 0
```

Access
数据库
技术及
应 用
情 境
教 程

Access
SHUJUKU
JISHUJI
YINGYONG
QINGJING
JIAOCHENG

264

```
Do until  i > 100
s = s + i
i =i+ 2
Loop
MsgBox"前100个自然数中偶数的和是:"& s
End Sub
```

【案例7-8】创建Zuizhi过程,其功能是:从键盘输入10个随机值,找出其中的最大值和最小值。

【案例效果】图7-24是根据输入的10个数,然后通过消息框显示运行后的结果如图7-25所示。通过本案例的学习,可以学会VBA数组的基本使用方法。(本例题输入的10个数分别为:12、18、58、41、66、73、8、27、55、70)

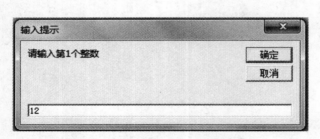

图7-24　InputBox输入对话框效果

图7-25　案例7-8运行效果

【设计过程】

参考过程代码如下:

```
Public Sub Zuizhi( )
Dim a( 1 To 10 )As Integer
Dim max As Integer,min As Integer,i As Integer
For i=1 To 10
a(i)=Val(InputBox("请输入第"&i&"个整数","输入提示"))
Next
Max=a(1)
Min=a(1)
For i-=2 To 10
```

If a(i)>max Then max=a(i)

If a(i)<min Then min=a(i)

Next

MsgBox"最大值是："& max &"最小值是："& min

End Sub

【案例7-9】创建一个"求方程根"窗体，在窗体的主体节中放置5个标签控件、3个文本框控件和1个命令按钮控件，界面设计如图7-26所示。单击"计算"按钮后，计算出方程的根并显示出来。

【案例效果】图7-27是利用求一元二次方程的根的结果。通过本案例的学习可以学会过程和过程调用的基本方法。

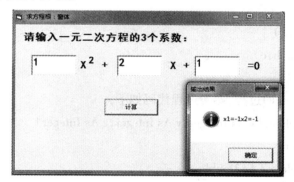

图7-27　案例7-9运行效果

【设计过程】

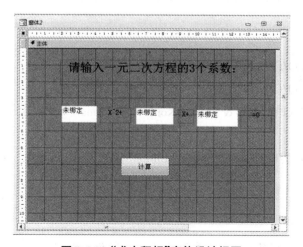

图7-26　"求方程根"窗体设计视图

Access
数据库
技术及
应 用
情 境
教 程

Access
SHUJUKU
JISHUJI
YINGYONG
QINGJING
JIAOCHENG

266

(1)新建一个窗体对象以"求方程根"为标题,按照图7-26对窗体主体节中的控件进行布局,将3文本框控件的名称分别设置为Text1、Text2、Text3。

(2)在"计算"按钮上右击,从弹出的快捷键菜单中选择"事件生成器",在打开的"选择生成器"对话框中选择"代码生成器",单击"确定"按钮,打开代码编辑窗口。

(3)"计算"按钮下的参考过程代码如下:

```
Private Sub Command1_Click()
Dim a As Integer,b As Integer,c As Integer
Text1. SetFocus
a=Val(Text1. Text)
Text2. SetFocus
b=Val(Text2. Text)
Text3. SetFocus
c=Val(Text3. Text)
Call fangcheng(a,b,c)
End Sub
```

(4)添加fangcheng()过程,参考过程代码如下:

```
Public Sub fangcheng(x As Integer,y As Integer,z As Integer)
Dim m As Integer
Dim x1 As Double,x2 As Double
m=y*y-4*x*z
If x=0 Then
MsgBox"x="&-z/y,vbOKonly+vbInformation,"输出结果"
Else
If m>=0 Then
x1=(-y+Sqr(m))/(2*x)
x2=(-y+Sqr(m))/(2*x)
MsgBox"x1="& x1 &"x2="& x2,vbOKonly+vbInformation,"输出结果"
Else
MsgBox"方程无实根!",vbOKonly+vbInformation,"输出结果"
End If
End If
End Sub
```

(5)运行"求根方程"窗体,在文本框中输入系数值,单击"计算"按钮后弹出消息框显示计算结果,如图7-27所示。

【实战演练】

1.编写一个过程,显示出当前的系统日期和时间,运行效果如图7-28所示。

图7-28　当前日期和时间消息框运行效果

2.编写一个按钮的事件过程,根据在窗体文本框中输入的工资给出应缴纳的个人所得税金额,如图7-29所示。税金计算表达式如下:

$$税金=\begin{cases}0 & 工资<=800 \\ 工资*2.5\% & 800<工资<=2000 \\ 工资*5\% & 2000<工资<=5000 \\ 工资*10\% & 5000<工资<=8000 \\ 工资*15\% & 8000<工资<=20000 \\ 工资*25\% & 10000<工资<=50000 \\ 工资*30\% & 工资>50000\end{cases}$$

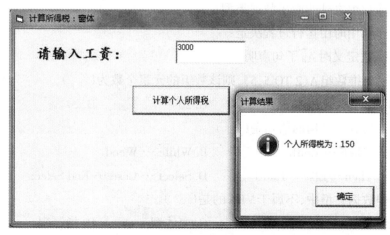

图7-29　个人所得税运行效果

3.编写事件过程用来实现登录窗体上的"确定"和"退出"功能。当在窗体的文本框

Access
数据库
技术及
应 用
情 境
教 程

Access
SHUJUKU
JISHUJI
YINGYONG
QINGJING
JIAOCHENG

268

中输入正确的用户名和密码"user"后,打开另一个窗体并关闭当前登录窗体;当输入错误时能判断是下面哪种情况并给出相应的提示信息:

a. 两个文本框为空

b. 用户名输入错误

c. 密码输入有误

d. 用户名和密码均输入有误

4. 定义一个函数过程,计算长方体的体积和表面积。

【任务评价】

【习题】

一、选择题

1. 使用Function语句定义一个函数过程,其返回值的类型(　　)。

    A. 只能是符号常量

    B. 是除数组之外的简单数据类型

    C. 可在调用时由运行过程决定

    D. 由函数定义时 As 子句声明

2. 定义了二维数组 A(2 TO 5,5),则该数组的元素个数为(　　)。

    A. 25   B. 36   C. 20   D. 24

3. 下列不是分支结构的语句是(　　)。

    A. If . . . Then ⋯ EndIf   B. While ⋯ Wend

    C. If ⋯ Then ⋯ Else ⋯EndIf   D. Select ⋯ Case ⋯ End Select

4. 下列程数据类型中,不属于VBA的是(　　)。

    A. 长整型   B. 布尔型   C. 变体型   D. 指针型

5. 用于获得字符串S最左边4个字符的函数是(　　)。

    A. Left(S, 4)   B. Left(S, 1, 4)

C. Leftstr(S，4)　　　　　　　　　　D. Leftstr(S，1，4)

6. 执行语句：MsgBox "AAAA"，vbOKCancel+vbQuetion，"BBBB"之后，弹出的信息框(　　)。

　　A. 标题为"BBBB"、框内提示符为"惊叹号"、提示内容为"AAAA"

　　B. 标题为"AAAA"、框内提示符为"惊叹号"、提示内容为"BBBB"

　　C. 标题为"BBBB"、框内提示符为"问号"、提示内容为"AAAA"

　　D. 标题为"AAAA"、框内提示符为"问号"、提示内容为"BBBB"

7. 窗体中有3个命令按钮，分别命名为Command1、Command2和Command3。当单击Command1按钮时，Command2按钮变为可用，Command3按钮变为不可见。下列Command1的单击事件过程中，正确的是(　　)。

　　A. private sub Command1_Click( )

　　　　Command2. Visible = true

　　　　Command3. Visible = false

　　B. private sub Command1_Click( )

　　　　Command2. Enable = true

　　　　Command3. Enable = false

　　C. private sub Command1_Click( )

　　　　Command2. Enable = true

　　　　Command3. Visible = false

　　D. private sub Command1_Click( )

　　　　Command2. Visible = true

　　　　Command3. Enable = false

8. 由"For i=1 To 9 Step –3"决定的循环结构，其循环体将被执行(　　)。

　　A. 0次　　　　　　B. 1次　　　　　　C. 4次　　　　　　D. 5次

9. 在窗体中有一个标签Lb1和一个命令按钮Command1，事件代码如下：

Option Compare Database

Dim a As String * 10

Private Sub Command1_Click( )

a = "1234"

b = Len(a)

Me. Lb1. Caption = b

End Sub

打开窗体后单击命令按钮，窗体中显示的内容是(　　)。

Access
数据库
技术及
应用
情境
教程

Access
SHUJUKU
JISHUJI
YINGYONG
QINGJING
JIAOCHENG

270

A. 4　　　　　　　B. 5　　　　　　　C. 10　　　　　　　D. 40

10. 下列程序段的功能是实现"学生"表中"年龄"字段值加1

Dim Str As String

Str=" "

Docmd. RunSQL Str

空白处应填入的程序代码是(　　　)。

A. 年龄=年龄+1　　　　　　　　　　　B. Update 学生 Set 年龄=年龄+1

C. Set 年龄=年龄+1　　　　　　　　　　D. Edit 学生 年龄=年龄+1

11. 在窗体中有一个文本框 Test1,编写事件代码如下:

Private Sub Form_Click( )

X= val (Inputbox("输入 x 的值"))

Y= 1

If X<>0 Then Y= 2

Text1. Value = Y

End Sub

打开窗体运行后,在输入框中输入整数 12,文本框 Text1 中输出的结果是(　　　)。

A. 1　　　　　　　B. 2　　　　　　　C. 3　　　　　　　D. 4

12. 在窗体中添加一个名称为 Command1 的命令按钮,然后编写如下事件代码:

Private Sub Command1_Click( )

a = 75

If a>60 Then

k = 1

ElseIf a>70 Then

k = 2

ElseIf a>80 Then

k = 3

ElseIf a>90 Then

k = 4

EndIf

MsgBox k

End Sub

窗体打开运行后,单击命令按钮,则消息框的输出结果是(　　　)。

A. 1　　　　　　　B. 2　　　　　　　C. 3　　　　　　　D. 4

13. 设有如下窗体单击事件过程：

Private Sub Form_Click（）

a = 1

For i= 1 To 3

Select Case i

Case 1，3

a= a+1

Case 2，4

a = a+2

End Select

Next i

MsgBox a

End Sub

打开窗体运行后,单击窗体,则消息框的输出结果是(　　)。

A. 3　　　　　　　　B. 4　　　　　　　　C. 5　　　　　　　　D. 6

14. 设有如下程序

Private Sub Command1_Click（）

Dim sum As Double，x As Double

sum = 0

n = 0

For i=1 To 5

x = n / i

n = n + 1

sum = sum + x

Next i

End Sub

该程序通过For循环来计算一个表达式的值,这个表达式是(　　)。

A. 1+1/2+2/3+3/4+4/5　　　　　　　　B. 1+1/2+1/3+1/4+1/5

C. 1/2+2/3+3/4+4/5　　　　　　　　D. 1/2+1/3+1/4+1/5

15. 在窗体中有一个命令按钮Command1,编写事件代码如下：

Private Sub Command1_Click()

Dim s As Integer

s = p(1) + p(2) + p(3) + p(4)

Access
数据库
技术及
应用
情境
教程

Access
SHUJUKU
JISHUJI
YINGYONG
QINGJING
JIAOCHENG

272

```
debug. Print s
End Sub
Public Function p（N As Integer）
Dim Sum As Integer
Sum = 0
For i = 1 To N
Sum = Sum + 1
Next i
P = Sum
End Function
```

打开窗体运行后,单击命令按钮,输出的结果是（   ）。

  A. 15   B. 20   C. 25   D. 35

二、填空题

1. 在VBA中双精度的类型标识是_____。

2. VBA的3种流程控制结构是_____、_____、_____。

3. 在窗体中使用一个文本框（名为x）接受输入值,有一个命令按钮test,事件代码如下:

```
Private Sub test_Click（）
y =0
For i=0 To Me!x
y=y+2*i+1
Next i
MsgBox y
End Sub
```

打开窗体后,若通过文本框输入值为3,单击命令按钮,输出的结果是_____。

4. 在窗体中有两个文本框分别为Text1和Text2,一个命令按钮Command1,编写如下两个事件过程:

```
Private Sub Command1_Click（）
a = Text1. Value + Text2. Value
MsgBox a
End Sub
Private Sub Form_Load（）
Text1. Value = ""
```

Text2. Value = ""

End Sub

程序运行时,在文本框Text1中输入78,在文本框中Text2输入87,单击命令按钮,消息框中输出的结果为_____。

5. 现有一个登录窗体如下图所示。打开窗体后输入用户名和密码,登录操作要求在20秒内完成,如果在20秒内没有完成登陆操作,则倒计时达到0秒时自动关闭登录窗体,窗体的右上角是显示倒计时的标签Itime。事件代码如下,要求填空完成事件过程。

```
Option Compare Database

Dim flag  As Boolean

Dim i As Integer

Private Sub Form_Load( )

flag =_____

Me. TimerInterval = 1000

i = 0

End Sub

Private Sub Form_Timer( )

If flag = True  And  i< 20  Then

Me!ITime. Caption = 20 - i

i =

Else

DoCmd. Close

End If

End Sub

Private Sub OK_Click( )

登录程序略

如果用户名和密码输入正确,则:falg=False
```

Access
数据库
技术及
应用
情境
教程

Access
SHUJUKU
JISHUJI
YINGYONG
QINGJING
JIAOCHENG

274

End Sub

6. 下列程序的功能是找出被5、7除、余数为1的最小的5个正整数。请在程序空白处填入适当的语句,使程序可以完成指定的功能。

```
Private Sub Form_Click( )
Dim Ncount %, n%
n = n + 1
If _____ Then
Debug. Print n
Ncount =Ncount + 1
End If
Loop Until Ncont = 5
End Sub
```

学习情境八

数据库安全

情境描述

本情境主要要求学生了解数据库安全相关知识,学会创建与撤销数据库密码、压缩与备份数据库及数据库打包的方法。本情境参考学时为2学时。

学习目标

了解数据库安全的基本知识。

学会创建、撤销数据库密码的方法。

学会压缩、修复、备份数据库的方法。

学会打包数据库的方法。

工作任务

任务1　数据库密码

任务2　压缩和修复数据库

任务3　备份和恢复数据库

任务4　生成 ACCDE 文件

学习情境八　数据库安全

任务1　数据库密码

【任务引导】

数据库系统安全的目的主要是指防止非法用户使用或访问系统中的应用程序和数据。如果想保护数据库不被他人非法打开、复制和修改,最简单的方法就是给数据库设置密码。设置密码后,打开数据库时将要求输入密码,只有输入正确的密码,用户才可以打开并正常使用数据库。如果设置了密码,数据库中某些对象将不能被复制,如果将密码丢失,用户将不能使用数据库。设置密码最安全的办法是在设置数据库密码之前,为数据库做一个备份。密码设置成功后,用户可以随时修改、重新设置和撤销用户密码。

【知识储备】

知识点1　设置数据库密码

知识点2　撤销数据库密码

Access
数据库
技术及
应 用
情 境
教 程

Access
SHUJUKU
JISHUJI
YINGYONG
QINGJING
JIAOCHENG

278

【工作任务】

【案例8-1】为"教学管理"数据库设置数据库密码。

【设计过程】

(1)启动Access2010数据库。

(2)选择"文件"选项卡中"打开"命令,选择"教学管理"数据库,弹出如图8-1所示的对话框,单击"打开"按钮右侧的下拉列表框,选择"以独占方式打开"。

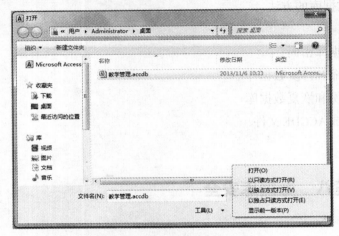

图8-1 以独占方式打开数据库

(3)再选择"文件"选项卡中"用密码进行加密"按钮,打开"设置数据库密码"对话框,输入密码,密码区分大小写。如图8-2所示。

图8-2 设置数据库密码

(4)当"密码"文本框输入的密码与"验证"文本框内输入的密码相同时,单击"确定"按钮,密码设置完成。

(5)重新打开设置了密码的"教学管理"数据库,弹出"要求输入密码"对话框,如图

8-3所示,要求用户输入密码。如果密码输入错误,Access弹出"警告"对话框,如图8-4所示。单击"确定"按钮,重新输入密码,密码正确后,就可以正常操作数据库了。

图8-3 "输入数据库密码"对话框

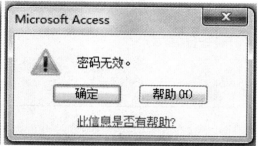

图8-4 密码错误"警告"对话框

【案例8-2】撤销"教学管理"数据库所设置的数据库密码。

【设计过程】

(1)以独占方式打开"教学管理"数据库。

(2)输入密码,打开数据库。

(3)选择"文件"选项卡中"解密数据库"按钮,打开"撤销数据库密码"对话框,输入密码,密码区分大小写。如图8-5所示。

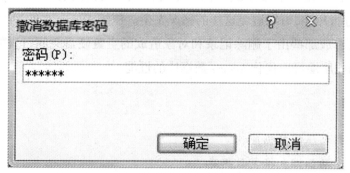

图8-5 "撤销数据库密码"对话框

(4)单击"确定"按钮,结束撤销数据库密码操作。

【提示】"撤销数据库密码"命令只有在设置数据库密码之后才会显示。

【实战演练】

1. 为"教学管理"数据库设置密码(密码为:ABcd123)。

2. 撤销"教学管理"数据库密码。

Access
数据库
技术及
应 用
情 境
教 程

Access
SHUJUKU
JISHUJI
YINGYONG
QINGJING
JIAOCHENG

280

【任务评价】

任务2　压缩和修复数据库

【任务引导】

在使用Access数据库的过程中,经常会进行删除数据的操作,而在创建数据库时还会经常进行删除对象的操作。由于Access系统文件自身结构的特点,删除操作会使Access文件变得支离破碎。当删除一条记录或一个对象时,Access并不能自动把该记录或该对象所占据的硬盘空间释放出来,这样既造成了数据库文件大小的不断增长,又使得计算机硬盘空间使用效率降低,数据库性能下降,甚至还会出现打不开的严重问题。对Access数据库进行压缩,可以避免这样的情况发生。压缩Access文件将重新组织文件在硬盘上的存储,释放那些由于删除记录和对象造成的空置硬盘空间,这样使得Access文件本身变小,因此压缩可以优化Access数据库的性能。

【知识储备】

知识点1　自动压缩数据库

知识点2　手动压缩和修复数据库

【工作任务】

【案例8-3】设置关闭时自动压缩"教学管理"数据库。

【设计过程】

(1)打开"教学管理"数据库。

(2)单击"文件"选项卡,在打开的"文件"窗口中,单击左侧的"选项"命令。

（3）在打开的"Access选项"对话框中，单击"当前数据库"命令，在右侧窗格中，选择"关闭时压缩"选项，如图8-6所示。

图8-6 "Access选项"对话框

（4）单击"确定"，关闭对话框。

【提示】设置完成后，以后每次关闭数据库时不再需要人为干预自动压缩。

【案例8-4】设置手动压缩和修复"教学管理"数据库。

【设计过程】

（1）打开"教学管理"数据库。

（2）单击"文件"选项卡，在打开的"文件"窗口中，单击右侧的窗格中"压缩和修复数据库"命令，如图8-7所示，系统开始压缩和修复数据库的工作，在状态栏显示正在压缩的提示直到完成。

图8-7 压缩和修复数据库

Access
数据库
技术及
应 用
情 境
教 程

Access
SHUJUKU
JISHUJI
YINGYONG
QINGJING
JIAOCHENG

282

【实战演练】

利用手动和自动方式压缩和修复"教学管理"数据库。

【任务评价】

任务3　备份和恢复数据库

【任务引导】

修复数据库功能可以解决 Access 数据库损坏的一般问题,但如果发生严重的损坏,修复数据库的功能就无能为力了。因此,为了保证数据库的安全,保证数据库系统不因意外情况遭到破坏的最有效的方法就是对数据库进行备份。

【知识储备】

知识点1　备份数据库
知识点2　还原数据库
当数据库系统受到破坏后,可以使用还原的方法恢复数据库,Access 本身没有提供直接还原数据库的命令。还原数据库可以使用 Windows 的复制、粘贴的方法,把 Access 数据库的备份复制到数据库所在的文件夹中。

【工作任务】

【案例8-5】备份"教学管理"数据库。

【设计过程】

(1)打开"教学管理"数据库。
(2)单击"文件"选项卡,在打开的"文件"窗口中,单击左侧的窗格中"保存并发布"命令,打开"保存并发布"窗格。

（3）在右侧窗格中，单击"备份数据库"命令，如图8-8所示。

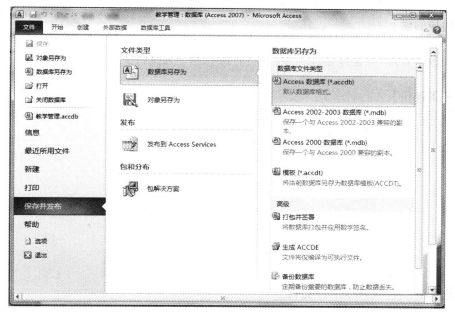

图8-8　备份数据库

（4）在打开"另存为"对话框，Access给出默认的备份文件名，该文件名为：数据库名称+当前日期，如图8-9所示。

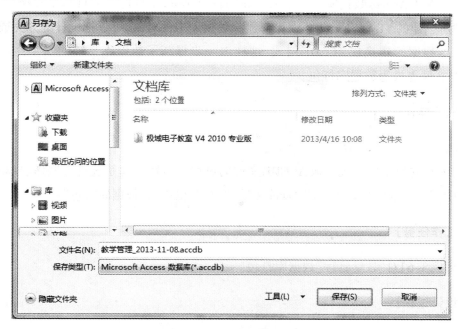

图8-9　备份"另存为"对话框

Access
数据库
技术及
应 用
情 境
教 程

Access
SHUJUKU
JISHUJI
YINGYONG
QINGJING
JIAOCHENG

284

(5)选择合适的保存路径,单击"保存"按钮,开始备份直至完成。

【实战演练】

为"教学管理"数据库创建备份,并将它保存到个人文件夹中。

【任务评价】

任务4　生成 ACCDE 文件

【任务引导】

为了保护 Access 数据库系统中所创建的各类对象,不被他人擅自修改或查看,隐藏并保护所创建的 VBA 代码,防止误操作删除数据库中的对象,可以把设计好并完成测试的 Access 数据库转换成 ACCDE 格式,这样进一步提高了数据库系统的安全性。生成 ACCDE 文件也成为数据库打包。

【知识储备】

知识点　数据库打包
把现有的数据库系统生成 ACCDE 文件的过程是对数据库系统进行编译、自动删除所有可编辑的 VBA 代码并压缩数据库系统的过程,也成为"数据库打包"。

【工作任务】

【案例8-6】对"教学管理"数据库打包。

【设计过程】

(1)打开"教学管理"数据库。

（2）单击"文件"选项卡,在打开的"文件"窗口中,单击左侧的窗格中"保存并发布"命令。

（3）在右侧窗格中,单击"生成ACCDE"命令,如图8-10所示。在打开的"另存为"对话框中,选择保存位置,然后单击"保存"按钮。

图8-10　ACCDE文件"另存为"对话框

（4）这时弹出提示框,提示"无法从被禁用的(不受信任的)数据库创建.accde或.mde文件",如图8-11所示。当用户信任此数据库,则使用消息栏启用数据库,现在单击"确定"按钮,从消息栏中单击"启用内容"按钮即可。

图8-11　安全提示框

【提示】生成ACCDE文件过程中,原来的ACCDB文件保持不变。而以前的版本是把原来的文件直接转换为ACCDE文件,这是Access2010的一个改进,这个改进给用户带来了很大的方便。

【实战演练】

对"教学管理"数据库生成ACCDE文件。

Access
数据库
技术及
应用
情境
教程

Access
SHUJUKU
JISHUJI
YINGYONG
QINGJING
JIAOCHENG

286

【任务评价】

【习题】

一、选择题

1. 在更改数据库密码前，一定要先(　　)。

A. 直接修改 　　　　　　　　　　　B. 输入原来的密码

C. 直接输入新密码 　　　　　　　　D. 同时输入原来的密码和新密码

2. 在建立、删除用户和更改用户权限时，一定先使用(　　)账户进入数据库。

A. 管理员 　　　　　　　　　　　　B. 普通账户

C. 具有读写权的账号 　　　　　　　D. 没有限制

二、填空题

1. 设置数据库密码时，必须在＿＿＿＿＿＿方式下打开。

2. 数据库打包后的文件格式是＿＿＿＿＿＿＿。

学习情境九

图书管理系统

情境描述

本情境通过制作一个实际的《图书管理系统》，使学生了解数据库应用系统开发的全过程，学会简单数据库应用系统的开发方法，使学生对前面所学的知识和方法有一个系统而全面的巩固和提高。本情境参考学时为18学时。

学习目标

了解数据库应用系统开发的全过程。

学会简单系统的分析与设计。

学会数据库设计。

学会设计应用程序界面。

学会创建报表。

学会简单的系统集成。

学会对系统进行测试。

工作任务

任务1　系统分析与系统设计

任务2　创建数据库和表

任务3　应用程序界面设计

任务4　报表设计

任务5　系统集成

任务6　系统测试与运行维护

学习情境九　图书管理系统

任务1　系统分析与系统设计

数据库应用系统设计一般分为以下6个阶段：需求分析、概念结构设计、逻辑结构设计、物理结构设计、系统实施、系统运行和维护。

1. 需求分析

需求分析是整个数据库应用系统开发中最重要的一步，是数据库设计的关键。需求分析的主要目的是了解用户需求，通过对现实世界中的对象进行调查、分析、走访等，制定出数据库的具体设计目标。

Access
数据库
技术及
应　用
情　境
教　程

Access
SHUJUKU
JISHUJI
YINGYONG
QINGJING
JIAOCHENG

290

　　图书馆作为一种信息资源交换场所,图书和用户借阅资料繁多,包括很多数据信息的管理,因此实现图书管理的计算机化,可以简化烦琐的工作模式,有效地解决图书借阅过程中的诸多问题,给图书管理员和借阅者带来了极大的便利。图书管理系统是为了满足图书馆借阅图书的工作而设计的,它的功能主要包括数据维护和基本功能两大模块。其中数据维护模块包括图书的数据维护和借阅者的数据维护;基本功能包括浏览、借书、还书、查询、统计等功能。具体功能模块如图9-1所示。

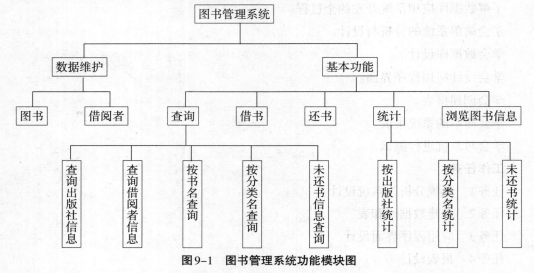

图9-1　图书管理系统功能模块图

2. 概念结构设计

　　概念结构设计主要是根据需求分析的结果将用户的各种需求用E-R图来描述。图书管理系统中的实体包括"图书"和"借阅者"。图9-2所示为图书管理系统的E-R图。

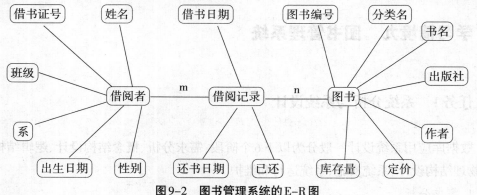

图9-2　图书管理系统的E-R图

3. 逻辑结构设计

　　逻辑结构设计的主要任务是将概念结构设计的基本E-R图转换成具体的关系模型并进行优化,也就是将E-R图转换为关系。本系统的实体为"图书"和"借阅者",它们之间通过"借阅记录"联系起来。具体关系模式为：

图书(图书编号,分类名,书名,作者,出版社,定价,库存量)

借阅者(借书证号,姓名,性别,出生日期,系,班级)

借阅记录(借书证号,图书编号,借书日期,还书日期,已还)

4. 物理结构设计

物理结构设计的主要任务是在逻辑结构设计的基础上选取最合适的物理结构和存储方法。本系统采用Access2010数据库存取数据。

5. 系统实施

系统实施的主要任务是按系统的设计方案,具体实施系统的逐级控制和各个独立模块的创建,从而形成一个完整的数据库应用系统。具体设计数据库应用系统时,应做到每一模块易于维护和修改,每一个功能模块尽量小而简明,模块之间的接口数目尽可能少。本系统实施步骤：

(1)创建"图书管理系统"数据库和"图书"、"借阅者"和"借阅记录"3张表。

(2)建立"图书"、"借阅者"和"借阅记录"3张表的表间关系。

(3)在"图书"、"借阅者"和"借阅记录"3张表中录入数据。

(4)创建"图书管理系统"数据库中的各种窗体、查询、报表和宏对象。

(5)将创建好的各种对象联系起来,进行系统集成和系统测试。

(6)为"图书管理系统"数据库设计密码等,设置系统安全。

6. 系统运行和维护

在完成整个数据库应用系统的设计后,进入"图书管理系统"运行和维护阶段,对各功能模块运行,不断发现问题,完善各模块的功能。

任务2　创建数据库和表

1. 创建"图书管理系统"数据库

【设计过程】

(1)单击"文件"中的"新建"命令,然后单击任务窗格中"空数据库"选项,打开"文件新建数据库"对话框。

(2)在"文件新建数据库"对话框的"保存位置"处选择数据库的保存位置。

(3)在"文件名"文本框中输入数据库名称"图书管理系统",单击"创建"按钮,完成"图书管理系统"数据库的创建。

Access
数据库
技术及
应 用
情 境
教 程

Access
SHUJUKU
JISHUJI
YINGYONG
QINGJING
JIAOCHENG

292

2. 创建数据表

根据本系统的逻辑结构设计,需要创建3张表:"图书"、"借阅者"、"借阅记录",各表的表结构如表9.1~9.3所示。

表9.1 "图书"表结构

字段名称	字段类型	字段大小	是否主键	字段名称	字段类型	字段大小	是否主键
图书编号	文本	10	是	定价	货币	1位小数	
分类名	文本	20		库存量	整型		
书名	文本	50					
作者	文本	20					
出版社	文本	20					

表9.2 "借阅者"表结构

字段名称	字段类型	字段大小	是否主键	字段名称	字段类型	字段大小	是否主键
借书证号	文本	10	是	班级	文本	10	
姓名	文本	10					
性别	文本	2					
出生日期	日期/时间	默认					
系	文本	10					

表9.3 "借阅记录"表结构

字段名称	字段类型	字段大小	是否主键	字段名称	字段类型	字段大小	是否主键
借书证号	文本	10	是	还书日期	日期/时间	短日期	
图书编号	文本	10	是	已还	是/否	默认	
借书日期	日期/时间	短日期	是				

以上3张表的建立过程参照学习情境二任务1中"创建表"。

3. 表间关系的创建

表与表之间是通过相关字段行进连接来建立关系的,本系统中"借阅者"与"借阅记录"两表之间通过"借书证号"字段建立一对多关系,"图书"与"借阅记录"两表之间通过"图书编号"字段建立一对多关系,如图9-3所示。创建表间关系时均要实施参照完整性规则、设置级联更新和级联删除。

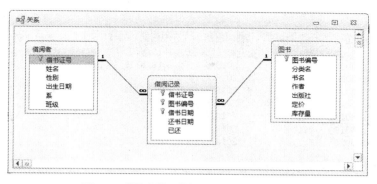

图9-3 “图书管理”数据库表之间的关系

4. 数据录入

在表创建好和表间关系建立好后，就可以在表中录入数据（也可以在创建表时录入，但创建好后录入不能保证数据的参照完整性）。录入数据的3张表如图（图9-4～9-6）所示。

图书

图书编号	分类名	书名	作者	出版社	定价	库存量	单击以添加
B01	哲学、宗教	老子	饶尚宽译注	中华书局	¥12.0	11	
B02	哲学、宗教	于丹《庄子》心得	于丹	中华书局	¥20.0	22	
B03	哲学、宗教	墨格尔的宗教哲学	赵林	武汉大学出版社	¥19.0	15	
B04	哲学、宗教	哲学与人生	傅佩荣	上海三联出版社	¥42.0	21	
D01	电子信息	数字电子技术基础	范文兵等	清华大学出版社	¥34.0	30	
D02	电子信息	现代自动识别技术与应用	张铎	清华大学出版社	¥32.0	10	
D03	电子信息	信号与系统	刘翔宇	清华大学出版社	¥24.0	11	
D04	电子信息	数字信号处理基础习题解答	周利清	北京邮电大学出版社	¥16.0	22	
D05	电子信息	现代光信息传感原理	廖延彪	清华大学出版社	¥42.0	6	
H01	文化	中国文化	南怀瑾	机械工业出版社	¥26.0	10	
J01	计算机	大学计算机基础	刑振祥，彭慧卿	清华大学出版社	¥38.0	29	
J02	计算机	C语言程序设计	胡建平	清华大学出版社	¥29.0	30	
J03	计算机	Access数据库技术及应用	彭慧卿、李玮	清华大学出版社	¥29.8	31	
J04	计算机	计算机基础实用教程	李菲、李妹博	清华大学出版社	¥33.0	20	
L01	力学	结构力学	崔恩第	国防工业出版社	¥28.0	19	
S01	数理科学	大学物理学（上）	赵近芳	北京邮电大学出版社	¥26.0	19	
S02	数理科学	数学物理方法	郭玉翠	北京邮电大学出版社	¥34.0	20	
T01	体育	中国少数名族体育通论	饶远，刘竹	中国少年儿童出版社	¥36.0	15	
W01	文学	爱的教育	徐力远译	中国少年儿童出版社	¥22.0	13	
W02	文学	绿山墙的安妮	马爱农译	中国少年儿童出版社	¥24.5	12	
*					¥0.0	0	

记录：第1项(共20项) 无筛选器 搜索

图9-4 “图书”表记录

借阅者

借书证号	姓名	性别	出生日期	系	班级	单击以添加
20100001	丁鹏	男	1991/8/26	土木	10土木1	
20100002	李丽珍	女	1992/2/27	会计	10会计电算化	
20100003	吴芳芳	女	1992/3/13	土木	10土木2	
20100004	马辉	男	1991/9/9	电子	10电子	
20100005	张子俊	男	1992/8/18	信息	10电子商务	
20100006	赵霞	女	1992/12/20	信息	10商务英语	
20100007	姚夏明	男	1991/10/10	信息	10电子商务	
20100008	李晓光	男	1992/2/2	土木	10土木1	
20100009	卢玉婷	女	1992/1/30	电子	10电子	
20100010	王莎莎	女	1992/12/26	英语	10商务英语	
20100011	李波	男	1992/6/25	土木	10土木2	
20100012	姚俊	女	1991/3/18	信息	10电子商务	
20100013	周夏美	女	1992/8/9	英语	10商务英语	
20100014	段文广	男	1991/5/5	会计	10会计电算化	
20100015	马一鸣	男	1992/10/10	电子	10电子	
20100016	马柯	男	1992/2/28	会计	10会计电算化	
20100017	张鹏	男	1992/3/19	土木	10土木1	
20100018	田秀丽	女	1991/12/21	信息	10电子商务	
20100019	王英	女	1992/1/10	土木	10土木2	
20100020	袁杨	女	1991/12/30	英语	10商务英语	
*		男				

记录：第1项(共20项) 无筛选器 搜索

图9-5 “借阅者”表记录

Access
数据库
技术及
应 用
情 境
教程

Access
SHUJUKU
JISHUJI
YINGYONG
QINGJING
JIAOCHENG

294

图9-6 "借阅记录"表记录

任务3 应用程序界面设计

一、数据维护界面

本系统的数据维护界面由两个窗体组成,即图书信息窗体和借阅者信息窗体组成。这两个窗体分别对图书基本信息和借阅者基本信息做添加、修改、删除、保存、打印、浏览等操作。

1.创建图书信息窗体

图书信息窗体的界面如图9-7所示。

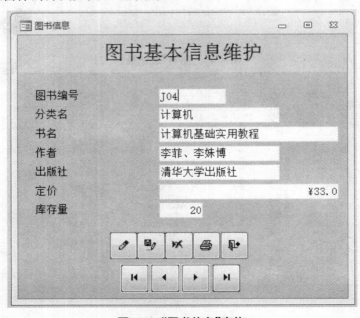

图9-7 "图书信息"窗体

【设计过程】

（1）在 Access 窗口中，单击"创建"选项卡，然后再单击"窗体"组中的"窗体向导"按钮，选择"纵栏表"样式，将窗体标题改为"图书信息"后，单击"完成"按钮。

（2）单击"开始"选项卡，然后再单击"视图"组中的"设计视图"按钮，使用按钮向导分别添加"添加记录"、"保存记录"、"删除记录"、"打印记录"、"退出窗体"、"第一条记录"、"前一条记录"、"后一条记录"、"最后一条记录"9个图形样式按钮。

（3）将窗体的"记录选定器"、"导航按钮"、"分隔线"属性分别设置为"否"，将"滚动条"属性设置为"两者均无"。完成后窗体如图9-7所示。

2. 创建借阅者信息窗体

用同样的方法创建借阅者信息窗体。借阅者信息窗体的界面如图9-8所示。

图9-8 "借阅者信息"窗体

二、借书与还书界面

（一）借书窗体

1. 创建借书窗体

借书窗体是根据输入的借书证号和图书编号以及借书日期，将"图书"表中相应记录的"库存量"字段减1的同时，在"借阅记录"表中添加一条新的借书记录。因此在创建借书窗体的同时还需分别创建"借书修改图书库存量"查询、"借书追加借阅记录"查询和"借书"及"返回主界面"宏。借书窗体界面如图9-9所示。

Access
数据库
技术及
应 用
情 境
教 程

Access
SHUJUKU
JISHUJI
YINGYONG
QINGJING
JIAOCHENG

296

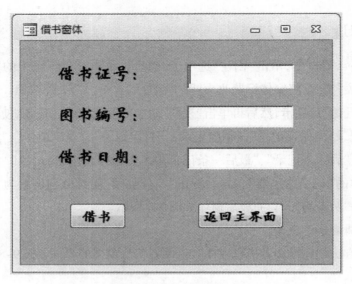

图9-9　借书窗体

【设计过程】

在 Access 窗口中，单击"创建"选项卡，然后再单击"窗体"组中的"窗体设计"按钮，打开新建窗体的设计视图。

在窗体中添加 3 个文本框和 2 个命令按钮，如图 9-10 所示。

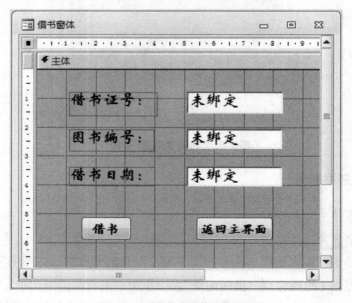

图9-10　"借书窗体"设计视图

借书窗体中各控件的属性如表9.4所示。

表9.4　借书窗体中控件属性表

控件(对象)	属　　　　性
标签1	名称:Label1　标题:借书证号
标签2	名称:Label2　标题:图书编号
标签3	名称:Label3　标题:借书日期
文本框1	名称:text1　控件提示文本:请输入借书证号
文本框2	名称:text2　控件提示文本:请输入图书编号
文本框3	名称:text3　控件提示文本:请输入借书日期
命令按钮1	名称:command1　标题:借书
命令按钮2	名称:command2　标题:返回主界面

(3)将窗体的"记录选定器"、"导航按钮"、"分隔线"属性分别设置为"否",将"滚动条"属性设置为"两者均无"。完成后窗体如图9-9所示。

2. 创建"借书修改图书库存量"查询

单击"借书"按钮时,需根据借书窗体文本框(名称为text2)中输入的图书编号将"图书"表中相应的"库存量"字段的值减1,因此需要设计一个更新查询,查询的设计视图如图9-11所示。

图9-11　"借书修改图书库存量"查询设计视图

3. 创建"借书追加借阅记录"查询

单击"借书"按钮时,将文本框中输入的借书证号、图书编号、借书日期增加到"借阅记录"表的新记录中。因此需要设计一个追加查询用于追加借阅记录,该追加查询用SQL语句实现,在查询的SQL视图中输入以下SQL语句:

Insert into 借阅记录(借书证号,图书编号,借书日期)values(forms!借书窗体!text0,

Access
数据库
技术及
应 用
情 境
教 程

Access
SHUJUKU
JISHUJI
YINGYONG
QINGJING
JIAOCHENG

298

forms!借书窗体!text1，forms!借书窗体!text2）

将查询保存为"借书追加借阅记录"。

4.创建"借书"宏和"返回主界面"宏

"借书"宏用来打开并执行"借书修改图书数量"和"借书追加借阅记录"查询。"返回主界面"宏用来打开"教学管理"数据库的"主界面"窗体。"借书"宏和"返回主界面"宏如图9-12、9-13所示。

图9-12 "借书"宏

图9-13 "返回主界面"宏

建好两个宏后分别与借书窗体中"借书"命令按钮（command1）和"返回主界面"命令按钮（command2）相连接。命令按钮的属性设置如表9.5所示。

表9.5 借书窗体命令按钮属性表

控件（对象）	属 性	事 件
命令按钮1	名称：command1 标题：借书	单击："借书"宏
命令按钮2	名称：command2 标题：返回主界面	单击："返回主界面"宏

（二）还书窗体

1.创建还书窗体

还书窗体是根据输入的借书证号和图书编号以及还书日期，将"图书"表中相应记录的"库存量"字段加1的同时，将"借阅记录"表中的"已还"字段设置为True，"还书日期"字段更新为还书窗体中的还书日期。因此在创建还书窗体的同时还需分别创建"还书修改数量状态日期"查询、"还书"和"返回主界面"宏。还书窗体界面如图9-14所示。

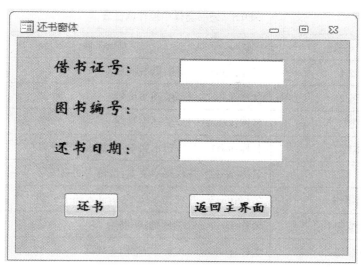

图9-14 还书窗体

【设计过程】

（1）在Access窗口中，单击"创建"选项卡，然后再单击"窗体"组中的"窗体设计"按钮，打开新建窗体的设计视图。

（2）在窗体中添加3个文本框和2个命令按钮，如图9-15所示。

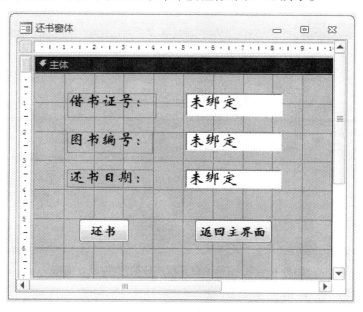

图9-15 "还书窗体"设计视图

还书窗体中各控件的属性如表9.6所示。

Access
数据库
技术及
应 用
情 境
教 程

Access
SHUJUKU
JISHUJI
YINGYONG
QINGJING
JIAOCHENG

300

表9.6　还书窗体中控件属性表

控件(对象)	属 性
标签1	名称:Label1　标题:借书证号
标签2	名称:Label2　标题:图书编号
标签3	名称:Label3　标题:还书日期
文本框1	名称:text1　控件提示文本:请输入借书证号
文本框2	名称:text2　控件提示文本:请输入图书编号
文本框3	名称:text3　控件提示文本:请输入还书日期
命令按钮1	名称:command1　标题:还书
命令按钮2	名称:command2　标题:返回主界面

(3)将窗体的"记录选定器"、"导航按钮"、"分隔线"属性分别设置为"否",将"滚动条"属性设置为"两者均无"。完成后窗体如图9-14所示。

2. 创建"还书修改数量状态日期"查询

单击"还书"按钮时,需将"图书"表中相应的"库存量"字段的值加1,将"借阅记录"表中的"已还"字段设置为True。因此需要设计一个更新查询,查询的设计视图如图9-16所示。

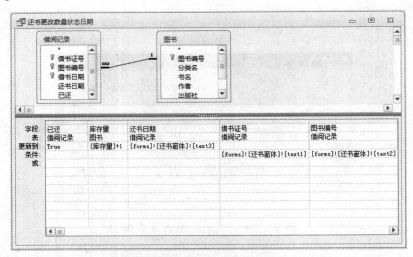

图9-16　"还书修改数量状态日期"查询设计视图

3. 创建"还书"宏和"返回主界面"宏

"还书"宏用来打开并执行"还书修改数量状态日期"查询。"返回主界面"宏用来打开"教学管理"数据库的"主界面"窗体。"还书"宏和"返回主界面"宏如图9-17、9-18所示。

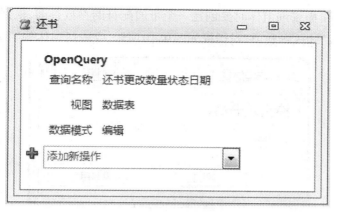

图9-17 "还书"宏

图9-18 "返回主界面"宏

建好两个宏后分别与还书窗体中"还书"命令按钮(command1)和"返回主界面"命令按钮(command2)相连接。命令按钮的属性设置如表9.7所示。

表9.7 还书窗体命令按钮属性表

控件(对象)	属 性	事 件
命令按钮1	名称:command1 标题:还书	单击:"还书"宏
命令按钮2	名称:command2 标题:返回主界面	单击:"返回主界面"宏

三、查询界面

(一)按书名模糊查询窗体

按书名模糊查询窗体是根据输入的书名中包含的某些字,就能查询到相应的图书信

Access
数据库
技术及
应　用
情　境
教　程

Access
SHUJUKU
JISHUJI
YINGYONG
QINGJING
JIAOCHENG

302

息。创建按书名模糊查询窗体时要创建一个带通配符的参数查询,根据输入的参数值,得到查询的结果。"输入参数值"对话框如图9-19所示,完成后窗体如图9-20所示。

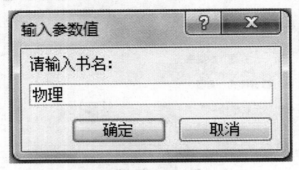

图9-19　"输入参数值"对话框

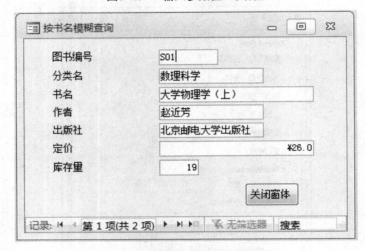

图9-20　"按书名模糊查询"窗体

1. 创建"按书名模糊查询"窗体

【设计过程】

(1)在Access窗口中,单击"创建"选项卡,然后再单击"窗体"组中的"窗体向导"按钮,选择"纵栏表"样式,将窗体标题改为"按书名模糊查询"后,单击"完成"按钮。

(2)单击"开始"选项卡,然后再单击"视图"组中的"设计视图"按钮,使用按钮向导添加"关闭窗体"按钮。

(3)将窗体的"记录选定器"、"分隔线"属性分别设置为"否",将"滚动条"属性设置为"两者均无"。完成后窗体如图9-20所示。

2. 创建"按书名模糊查询"参数查询

"按书名模糊查询"参数查询的设计视图如图9-21所示。

图9-21　"按书名模糊查询"参数查询的设计视图

(二)创建"未还书信息"窗体

创建"未还书信息"窗体用于查询未还书的信息。创建"未还书信息"窗体时需要创建一个"未还书查询"。完成后的窗体如图9-22所示。

借书证号	姓名	班级	图书编号	书名	作者	出版社	借书日期	应还日期
20100012	姚俊	10电子商务	B03	黑格尔的宗教哲学	赵林	武汉大学出版社	2013/6/13	2013/7/13
20100017	张鹏	10土木1	D03	信号与系统	刘翔宇	清华大学出版社	2013/6/13	2013/7/13
20100017	张鹏	10土木1	D04	数字信号处理基础习题解	周利清	北京邮电大学出版社	2013/6/13	2013/7/13

图9-22　"未还书信息"窗体

1. 创建"未还书查询"

该查询的数据源需要三张表："借阅者"、"借阅记录"和"图书"。"未还书查询"的设计视图如图9-23所示。

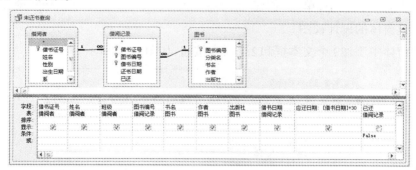

图9-23　"未还书查询"的设计视图

【提示】因为查询未还书信息,需要将"借阅记录"表的"已还"字段的条件行设置为"false"。同时,为了使查询结果更符合实际,在不更改表结构的前提下,需要添加一个计算字段"应还日期"。假定借书期限为30天,则"应还日期"通过计算表达式"[借书日期]+30"得出。

Access
数据库
技术及
应 用
情 境
教 程

Access
SHUJUKU
JISHUJI
YINGYONG
QINGJING
JIAOCHENG

304

2. 创建"未还书信息"窗体

【设计过程】

在 Access 窗口中,单击"创建"选项卡,然后再单击"窗体"组中的"窗体向导"按钮,选择"表格"样式,将窗体标题改为"未还书信息"后,单击"完成"按钮。完成后窗体如图 9–22 所示。

(三)创建"借阅者借书信息查询"窗体

"借阅者借书信息查询"窗体是用来根据输入某一借书证号,查询该借阅者的借书相关记录。在创建"借阅者借书信息"窗体时需要建立"借阅者借书查询"和"某一借阅者借书记录子窗体"。完成后的窗体如图 9–24 所示。

图 9–24 "借阅者借书信息查询"窗体

1. 创建"借阅者借书信息查询"窗体

【设计过程】

(1)在 Access 窗口中,单击"创建"选项卡,然后再单击"窗体"组中的"窗体设计"按钮,打开新建窗体的设计视图。

(2)在窗体中添加 1 个文本框和 2 个命令按钮,如图 9–25 所示。

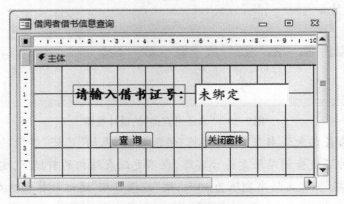

9–25 "借阅者借书信息查询"窗体的设计视图

将窗体的"记录选定器"、"导航按钮"、"分隔线"属性分别设置为"否",将"滚动条"属性设置为"两者均无"。完成后窗体如图9-24所示。

"借阅者借书信息查询"窗体中各控件的属性如表9.8所示。

表9.8 "借阅者借书信息查询"窗体各控件属性

控件（对象）	属　性
标签1	名称:Label1　标题:请输入借书证号
文本框1	名称:text1　控件提示文本:请输入借书证号
命令按钮1	名称:command1　标题:查询
命令按钮2	名称:command2　标题:关闭窗体

2. 创建"借阅者借书查询"

"借阅者借书查询"的设计视图如图9-26所示。

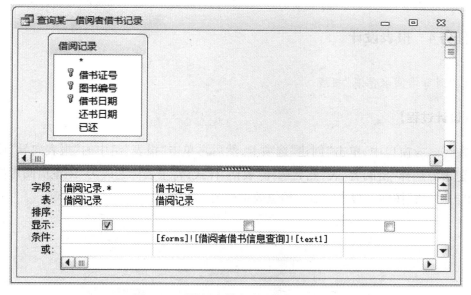

图9-26 "借阅者借书查询"的设计视图

3. 创建"某一借阅者借书记录子窗体"

【设计过程】

（1）在Access窗口中,单击"创建"选项卡,然后再单击"窗体"组中的"窗体向导"按钮,选择"表格"样式,将窗体标题改为"某一借阅者借书记录子窗体"后,单击"完成"按钮。

（2）单击"开始"选项卡,然后再单击"视图"组中的"设计视图"按钮,使用按钮向导添加"返回"按钮。

Access
数据库
技术及
应用
情境
教程

Access
SHUJUKU
JISHUJI
YINGYONG
QINGJING
JIAOCHENG

306

(3)将窗体的"记录选定器"、"分隔线"、"导航按钮"属性分别设置为"否",将"滚动条"属性设置为"两者均无"。完成后窗体如图9-27所示。

图9-27 某一借阅者借书记录子窗体

【提示】可以采用类似的方法,创建"按出版社查询"窗体和"按分类名查询"等窗体界面,请学生自己完成,此处不再详述。

任务4 报表设计

1."浏览借阅者信息"报表

【设计过程】

在Access窗口中,单击"创建"选项卡,然后再单击"报表"组中的"报表向导"按钮,报表记录源选择"借阅者"表,然后选择"表格"样式,将报表标题改为"浏览借阅者报表"后,单击"完成"按钮。报表完成后预览效果如图9-28所示。

浏览借阅者报表

借书证号	姓名	性别	出生日期	系	班级
20100020	袁杨	女	1991/12/30	英语	10商务英语
20100001	丁鹏	男	1991/8/26	土木	10土木1
20100002	李丽珍	女	1992/2/27	会计	10会计电算化
20100003	吴芳芳	女	1992/3/13	土木	10土木2
20100004	马辉	男	1991/9/9	电子	10电子
20100005	张子俊	男	1992/8/18	信息	10电子商务
20100006	赵霞	女	1992/12/20	信息	10商务商务
20100007	姚夏明	男	1991/10/10	信息	10电子商务
20100008	李晓光	男	1992/2/2	土木	10土木1
20100009	卢玉婷	女	1992/1/30	电子	10电子
20100010	王莎莎	女	1992/12/26	英语	10商务英语
20100011	李波	男	1992/6/25	土木	10土木2
20100012	姚俊	女	1991/3/18	信息	10电子商务
20100013	周夏美	女	1992/8/9	英语	10商务英语
20100014	段文广	男	1991/5/5	会计	10会计电算化
20100015	马一鸣	男	1992/10/10	电子	10电子
20100016	马柯	男	1992/2/28	会计	10会计电算化
20100017	张鹏	男	1992/3/19	土木	10土木1
20100018	田秀丽	女	1991/12/21	信息	10电子商务
20100019	王英	女	1992/1/10	土木	10土木2

图9-28 "浏览借阅者信息"报表预览效果

2. "按出版社统计图书"报表

【设计过程】

在Access窗口中,单击"创建"选项卡,然后再单击"报表"组中的"报表向导"按钮,报表记录源选择"图书"表,在分组级别中选择"出版社"字段,在"汇总选项"中选择"库存量"汇总项,将报表标题改为"按出版社统计图书"后,单击"完成"按钮。报表完成后预览效果如图9-29所示。

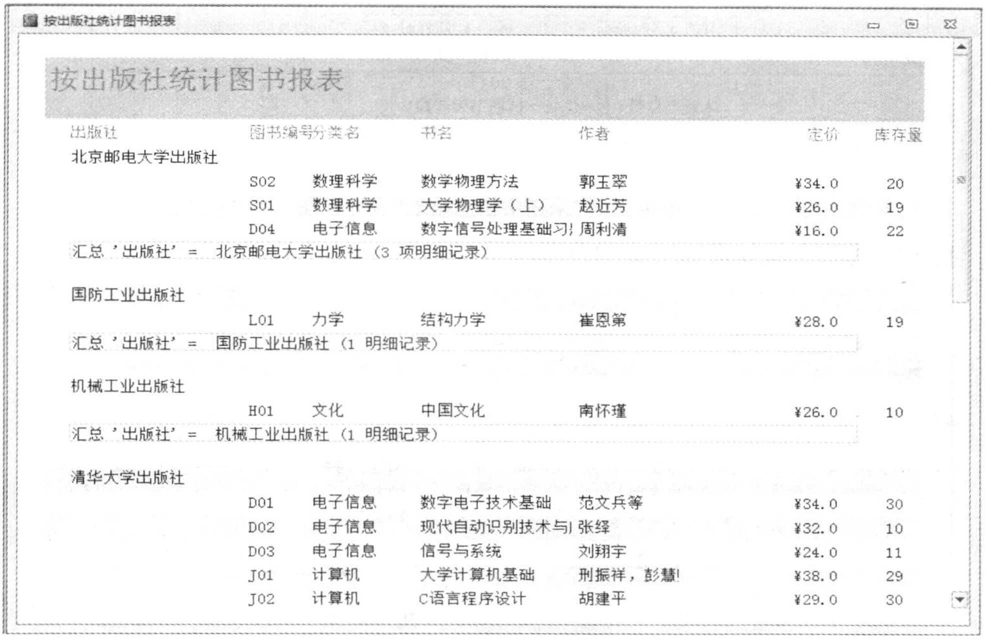

图9-29 "按出版社统计图书"报表预览效果

3. "未还书信息"报表

【设计过程】

(1)在Access窗口中,单击"创建"选项卡,然后再单击"报表"组中的"报表向导"按钮,报表记录源选择"未还书"查询,将报表标题改为"未还书信息报表"后,单击"完成"按钮。

(2)打开"未还书信息报表"设计视图,在报表页脚处添加一个文本框控件text1,其中text1中label1的标题属性设置为"未还书总数",控件来源属性设置为"=count([图书编号])",报表设计视图如图9-30所示。

Access
数据库
技术及
应用
情境
教程

Access
SHUJUKU
JISHUJI
YINGYONG
QINGJING
JIAOCHENG

308

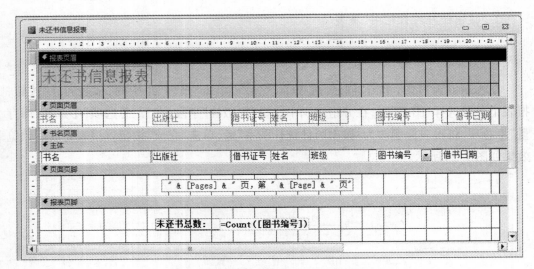

图9-30 "未还书信息报表"设计视图

报表完成后预览效果如图9-31所示。

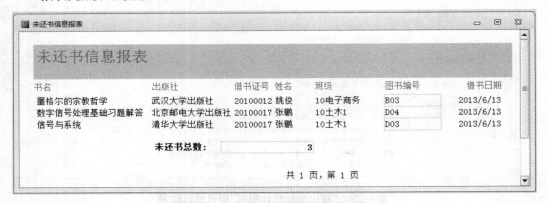

图9-31 "未还书信息"报表预览效果

任务5 系统集成

系统集成主要是将已经创建完成的数据库窗体、报表、宏、查询等对象组织在一起,通过特定的窗体界面来调用。使用户简单、清晰地操作。本系统集成的过程主要包括创建登录窗体、创建主界面窗体等。

一、登录窗体

登录窗体是整个"图书管理系统"的入口,通过输入用户名和密码,单击"确定"按钮,进入系统主界面进行操作。登录窗体如图9-32所示。

图9-32 "登录"窗体

1. 创建"登录"窗体

【设计过程】

（1）在Access窗口中，单击"创建"选项卡，然后再单击"窗体"组中的"窗体设计"按钮，打开新建窗体的设计视图。

（2）在窗体中添加1个标签、2个文本框和2个命令按钮及2个图像控件，如图9-33所示。

图9-33 "登录"窗体的设计视图

Access
数据库
技术及
应 用
情 境
教 程

Access
SHUJUKU
JISHUJI
YINGYONG
QINGJING
JIAOCHENG

310

登录窗体中各控件的属性如表9.9所示。

表9.9　登录窗体中控件属性表

控件(对象)	属　性
标签1	名称:Label1　标题:系统登录
标签2	名称:Label2　标题:用户名
标签3	名称:Label3　标题:密码
文本框1	名称:text1　控件提示文本:请输入用户名
文本框2	名称:text2　控件提示文本:请输入密码
命令按钮1	名称:command1　标题:确定
命令按钮2	名称:command2　标题:退出
图像1	名称:image1(在windows系统文件夹中)
图像2	名称:image2(在windows系统文件夹中)

(3)将窗体的"记录选定器"、"导航按钮"、"分隔线"属性分别设置为"否",将"滚动条"属性设置为"两者均无"。完成后窗体如图9-32所示。

2. 创建"登录"和"退出"宏

登录宏是一个根据用户输入的用户名和密码判断能否正确登录到主界面的条件宏,而退出宏则是用来退出图书管理系统的简单宏。"登录"宏和"退出"宏的设置如表9.10所示。

表9.10　"登录"宏和"退出"宏的设置表

宏　名	条　件	操　作	设　置
确定	If [text1]="admin" And [text2]="123" then	OpenForm	对象名称:主界面
		CloseWindow	对象名称:登录窗体
	If [text1]<>" admin" OR [text1] Is null then	Msgbox	消息:用户名输入错误,请重新输入! 类型:警告? 标题:提示信息
		SetValue	项目:Text1 表达式:""
		GoToControl	控件名称:Text1
	If [text2]<>" 123" OR [text2] Is null then	Msgbox	消息:密码输入错误,请重新输入! 类型:警告? 标题:提示信息
		SetValue	项目:Text2 表达式:""
		GoToControl	控件名称:Text2
退出		QuitAccess	选项:退出
Autoexec		OpenForm	对象名称:登录窗体

二、主界面

根据图9-1所示系统功能模块图，需要创建一个系统的主界面，该界面用来打开相应的子模块，主界面窗体如图9-34所示。

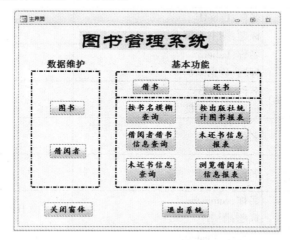

图9-34　"主界面"窗体

创建"主界面"窗体

【设计过程】

（1）在Access窗口中，单击"创建"选项卡，然后再单击"窗体"组中的"窗体设计"按钮，打开新建窗体的设计视图。

（2）在窗体中添加3个标签、2个选项组和12个命令按钮控件，如图9-35所示。

图9-35　"主界面"窗体设计视图

Access
数据库
技术及
应 用
情 境
教 程

Access
SHUJUKU
JISHUJI
YINGYONG
QINGJING
JIAOCHENG

312

主界面窗体中各控件的属性如表9.11所示。

表9.11　登录窗体中控件属性表

控件(对象)	属　　性	说　　明
标签1	名称：Label1 标题：图书管理系统	
标签2(选项组1附属标签)	名称：Label2 标题：数据维护	
标签3(选项组2附属标签)	名称：Label3 标题：基本功能	
选项组1	名称：frame1	
选项组2	名称：frame2	
命令按钮1	名称：command1 标题：图书	打开"图书信息维护"窗体
命令按钮2	名称：command2 标题：借阅者	打开"借阅者信息维护"窗体
命令按钮3	名称：command3 标题：借书	打开"借书窗体"
命令按钮4	名称：command4 标题：还书	打开"还书窗体"
命令按钮5	名称：command5 标题：按书名模糊查询	打开"按书名模糊查询"窗体
命令按钮6	名称：command6 标题：借阅者借书信息查询	打开"借阅者借书信息查询"窗体
命令按钮7	名称：command7 标题：未还书信息查询	打开"未还书信息查询"窗体
命令按钮8	名称：command8 标题：按出版社统计图书报表	打开"按出版社统计图书"报表
命令按钮9	名称：command9 标题：未还书信息报表	打开"未还书信息"
命令按钮10	名称：command10 标题：浏览借阅者信息报表	打开"浏览借阅者信息"
命令按钮11	名称：command11　标题：关闭窗体	关闭"主界面"窗体
命令按钮12	名称：command12　标题：退出系统	退出"图书管理系统"

【提示】以上命令按钮均可利用按钮向导完成打开相应子模块的操作,也可利用宏完

成,请学生自己选择。

（3）将窗体的"记录选定器"、"导航按钮"、"分隔线"属性分别设置为"否",将"滚动条"属性设置为"两者均无"。完成后窗体如图9-34所示。

【说明】由于审美眼光不同,具体窗体的修饰操作可根据学生自己的要求设置和美化。

任务6　系统测试与运行维护

打开"图书管理系统"数据库,会要求用户在登录界面输入正确的用户名和密码后,进入图书管理系统主界面窗体,依次执行各模块的功能。对各个功能反复进行测试和调试,发现设计中的问题和缺陷,通过不断对其进行修改完善,使系统正常运行并达到系统最初设计要求。

【说明】由于一些学生在学习"数据库技术及应用"这门课程前没有程序设计语言基础,因此本系统在操作中没有使用代码,全部通过控件向导和宏来实现所有功能,对初学数据库的学生较为适合。本系统只是一个教学案例,学生可根据情况完善并加以改进。

参考文献

[1]彭慧卿,李玮. Access数据库技术及应用[M]. 北京:清华大学出版社,2010.

[2]陈雷,陈朔鹰. Access数据库程序设计[M]. 北京:高等教育出版社,2013.

[3]陈树平,侯贤良. Access数据库教程[M]. 上海:上海交通大学出版社,2009.

[4]李雁翎. 数据库技术及应用[M]. 北京:高等教育出版社,2005.

[5]刘造新,刘辉. Access2007数据库技术[M]. 北京:清华大学出版社,2010.

[6]张强,杨玉民. Access2010入门与实例教程[M]. 北京:电子工业出版社,2011.

[7]全国计算机等级考试教材编写组. 全国计算机等级考试教程二级Access[M]. 北京:人民邮电出版社,2008.

[8]周安宁,张新猛. 数据库应用案例教程(Access)[M]. 北京:清华大学出版社,2007.